钢筋工程实例详解系列

钢筋工程计算方法与实例

主 编:上官子昌

金盾出版社

内容提要

本书主要依据现行国家建筑标准设计图集《16G101-1》《16G101-2》《16G101-3》以及《混凝土结构设计规范》(GB 50010—2010)、《建筑抗震设计规范》(GB 50011—2010)、《高层建筑箱形与筏形基础技术规范》(JGJ 6—2011)等规范编写。本书共分为五章,详细地介绍了钢筋工程基础知识、平法结构钢筋施工图、基础构件钢筋计算、主体结构钢筋计算以及板式楼梯钢筋计算等内容。

本书内容丰富、语言精练、实用性强,可供相关从业人员以及相关专业院校的师生参考和使用。

图书在版编目(CIP)数据

钢筋工程计算方法与实例/上官子昌主编 . —北京:金盾出版社,2018.12
ISBN 978-7-5186-1234-5

Ⅰ.①钢… Ⅱ.①上… Ⅲ.①配筋工程—工程计算—计算方法
Ⅳ.①TU755.3

中国版本图书馆 CIP 数据核字(2017)第 045330 号

金盾出版社出版、总发行
北京太平路 5 号(地铁万寿路站往南)
邮政编码:100036 电话:68214039 83219215
传真:68276683 网址:www.jdcbs.cn
封面印刷:双峰印刷装订有限公司
正文印刷:双峰印刷装订有限公司
装订:双峰印刷装订有限公司
各地新华书店经销
开本:787×1092 1/16 印张:14.125 字数:343 千字
2018 年 12 月第 1 版第 1 次印刷
印数:1~4 000 册 定价:45.00 元

前　　言

　　"平法"是建筑结构平面整体设计方法的简称,它在全国建筑工程界得到普遍应用。特别是随着 G101 系列图集的推广应用,"平法"已被全国范围的结构设计师、建造师、造价师及建筑工人普遍采用,它也是建筑工程技术人员走上工作岗位的基础,他们能否进入工作状态,平法钢筋计算是必须掌握的一项基本技能。但是在工程计算工作中,有关钢筋算量的枯燥的平法表示法和烦琐的计算往往令初学者望而生畏,甚至失去了学习的兴趣。为了提高建筑工程技术人员的设计水平和创新能力,更快、更正确地理解和应用标准图集,确保和提高工程建设质量,我们组织编写了这本书。

　　本书主要依据现行国家建筑标准设计图集《16G101-1》《16G101-2》《16G101-3》以及《混凝土结构设计规范》(GB 50010—2010)、《建筑抗震设计规范》(GB 50011—2010)、《高层建筑箱形与筏形基础技术规范》(JGJ 6—2011)等规范编写。本书共分为五章,详细地介绍了钢筋工程基础知识、平法结构钢筋施工图、基础构件钢筋计算、主体结构钢筋计算以及板式楼梯钢筋计算等内容。

　　本书内容丰富、语言精练、实用性强,可供相关从业人员以及相关专业院校的师生参考和使用。

　　由于编者的经验和学识有限,虽尽心尽力,但仍不免有疏漏和不妥之处,恳请广大读者和有关专家提出宝贵的意见。

作者

目　　录

第一章　钢筋工程基础知识

第一节　钢筋基础知识

一、热轧钢筋

热轧钢筋是由低碳钢、普通低合金钢在高温状态下轧制而成。钢筋强度提高,其塑性降低。热轧钢筋分为光圆钢筋和热轧带肋钢筋两种,如图1-1所示。

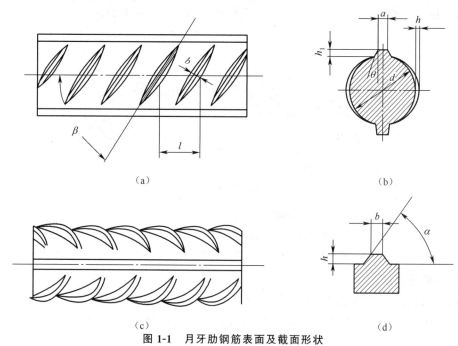

图 1-1　月牙肋钢筋表面及截面形状

(a)主视图　(b)截面图　(c)俯视图　(d)肋的截面图

d—钢筋直径　α—横肋斜角　h—横肋高度　β—横肋与轴线夹角

h_1—纵肋高度　a—纵肋顶宽　l—横肋间距　b—横肋顶宽　θ—纵肋斜角

二、冷轧钢筋

冷轧钢筋是热轧钢筋在常温下通过冷拉或冷拔等方法冷加工而成。钢筋经过冷拉和时效硬化后,能提高它的屈服强度,但它的塑性有所降低,已逐渐淘汰。

钢丝是用高碳镇静钢轧制成圆盘后经过多道冷拔,并进行应力消除、矫直、回火处理而成。

划痕钢丝是在光面钢丝的表面上进行机械刻痕处理,以增加与混凝土的粘结能力。

三、余热处理钢筋

余热处理钢筋是经热轧后立即穿水,进行表面控制冷却,然后利用芯部余热自身完成回火等调质工艺处理所得的成品钢筋,热处理后钢筋强度得到较大提高而塑性降低并不当。

四、冷轧带肋钢筋

冷轧带肋钢筋是热轧圆盘条经冷轧在其表面冷轧成三面或二面有肋的钢筋。冷轧带肋钢筋的牌号自 CRB 和钢筋的抗拉强度最小值构成。C、R、B 分别为冷轧（cold rolled）带肋（ribbed）、钢筋（bar）三十词的英文首位大写字母。冷轧带肋钢筋分为 CRB550、CRB650、CRB800、CRB970 0RW1170 五十牌号。CRB550 为普通钢筋混凝土用钢筋其他牌号为预应力混凝土用钢筋。

CRB550 钢筋的公称直径范围为 4～12mm。CRB650 及以上牌号的公称直径为 4、5、6mm。

冷轧带肋钢筋的外形肋呈月牙形,横肋沿钢筋截面周圈上均匀分布,其中三面肋钢筋有一面肋的倾角必须与另两面反向,二面肋钢筋一面肋的倾角必须与另一面反向。横肋中心线和钢筋轴线夹角 β 为 40°～60°。肋两侧面和钢筋表面斜角 α 不得小于 45°,横肋与钢筋表面呈弧形相交。横肋间隙的总和应不大于公称周长的 20%(图 1-2)。

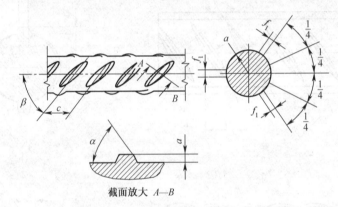

图 1-2　冷轧带肋钢筋表面及截面形状

α—横肋斜角　β—横肋与轴线夹角　a—横肋中点高　c—横肋间距,线夹角　f_1—横肋间隙

五、冷轧扭钢筋

冷轧扭钢筋是用低碳钢钢筋(含碳量低于 0.25%)经冷轧扭工艺制成,其表面呈连续螺旋形,如图 1-3 所示。这种钢筋具有较高的强度,而且有足够的塑性,与混凝土粘结性能优

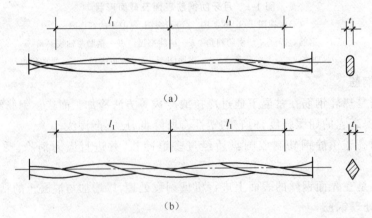

(a)

(b)

图 1-3　冷轧扭钢筋表面及截面形状

(a)Ⅰ型　(b)Ⅱ型

t—轧扁厚度　l_1—节距

异，代替 HPB300 级钢筋可节约钢材约 30%。一般用于预制钢筋混凝土圆孔板、叠合板中的预制薄板以及现浇钢筋混凝土楼板等。

六、冷拔螺旋钢筋

冷拔螺旋钢筋是热轧圆盘条经冷拔后在表面形成连续螺旋槽的钢筋。冷拔螺旋钢筋的外形如图 1-4 所示。冷拔螺旋钢筋的生产，可利用原有的冷拔设备，只需增加一个专用螺旋装置与陶瓷模具。该钢筋具有强度适中、握裹力强、塑性好、成本低等优点，可用于钢筋混凝土构件中的受力钢筋，以节约钢材；用于预应力空心板可提高延性、改善构件使用性能。

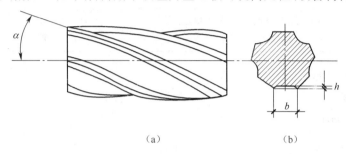

图 1-4　冷拔螺旋钢筋表面及截面形状

（a）表面　（b）截面

α—横肋与钢筋轴线夹角　b—横肋间隙　h—横肋中点高

七、钢绞线

钢绞线是由沿一根中心钢丝成螺旋形绕在一起的公称直径相同的钢丝构成，如图 1-5 所示。常用的有 1×3 和 1×7 标准型。

预应力钢筋宜采用预应力钢绞线、钢丝，也可采用热处理钢筋。

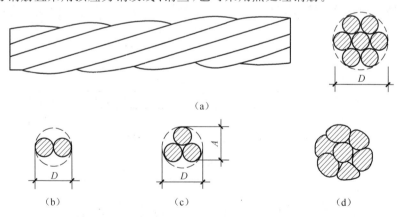

图 1-5　预应力钢绞线表面及截面形状

（a）1×7 钢绞线　（b）1×2 钢绞线　（c）1×3 钢绞线　（d）模拔钢绞线

D—钢绞线公称直径　A—1×3 钢绞线测量尺寸

第二节　钢筋计算的主要工作

一、钢筋计算工作的划分

建筑工程从设计到竣工的阶段，可分为设计、招投标、施工、竣工结算四个阶段，确定钢筋用量是每个阶段中必不可少的一个环节。

钢筋计算工作主要分为两大类,见表1-1。

表1-1　钢筋计算工作的分类

钢筋计算工作划分	计算依据和方法	目的	备注
钢筋翻样	按照相关规范及设计图纸,以"实际长度"进行计算	指导实际施工	既符合相关规范和设计要求,还要满足方便施工、降低成本等施工需求
钢筋算量	按照相关规范及设计图纸,以及工程量清单和定额的要求,以"设计长度"进行计算	确定工程造价	快速计算工程的钢筋总用量,用于确定工程造价

二、钢筋计算长度

1. 设计长度

设计长度如图1-6所示。

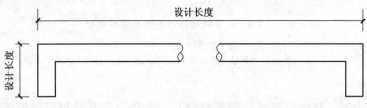

图1-6　设计长度

2. 计算长度

本书所涉及的计算长度,均为实际长度(如图1-7所示)。实际长度就要考虑钢筋的加工、变形。

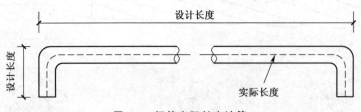

图1-7　钢筋实际长度计算

第三节　钢筋计算的常用数据

一、钢筋混凝土保护的最小层厚度

纵向受力钢筋的混凝土保护的最小层厚度,见表1-2。

表1-2　混凝土保护层的最小厚度(mm)

环境类别	板、墙		梁、柱		基础梁(顶面和侧面)		独立基础、条形基础、筏形基础(顶面和侧面)	
	≤C25	≥C30	≤C25	≥C30	≤C25	≥C30	≤C25	≥C30
一	20	15	25	20	25	20	—	—

续表 1-2

环境类别	板、墙		梁、柱		基础梁(顶面和侧面)		独立基础、条形基础、筏形基础(顶面和侧面)	
	≤C25	≥C30	≤C25	≥C30	≤C25	≥C30	≤C25	≥C30
二 a	25	20	30	25	30	25	25	20
二 b	30	25	40	35	40	35	30	25
三 a	35	30	45	40	45	40	35	30
三 b	45	40	55	50	55	50	45	40

注:①表中混凝土保护层厚度指最外层钢筋外边缘至混凝土表面的距离,适用于设计使用年限为 50 年的混凝土结构;②构件中受力钢筋的保护层厚度不应小于钢筋的公称直径 d;③一类环境中,设计使用年限为 100 年的结构最外层钢筋的保护层厚度不应小于表中数值的 1.4 倍;二、三类环境中,设计使用年限为 100 年的结构应采取专门的有效措施;④钢筋混凝土基础宜设置混凝土垫层,基础底部的钢筋的混凝土保护层厚度应从垫层顶面算起,且不应小于 40mm;无垫层时,不应小于 70mm;⑤桩基承台及承台梁:承台底面钢筋的混凝土保护层厚度,当有混凝土垫层时,不应小于 50mm,无垫层时不应小于 70mm;此外尚不应小于桩头嵌入承台内的长度。

二、钢筋的公称直径、公称截面面积及理论重量

钢筋的公称直径、公称截面面积及理论重量见表 1-3。

表 1-3　钢筋的公称直径、公称截面面积及理论重量

公称直径 (mm)	不同根数钢筋的计算截面面积/mm²									单根钢筋理论重量 (kg/m)
	1	2	3	4	5	6	7	8	9	
6	28.3	57	85	113	142	170	198	226	255	0.222
8	50.3	101	151	201	252	302	352	402	453	0.395
10	78.5	157	236	314	393	471	550	628	707	0.617
12	113.1	226	339	452	565	678	791	904	1017	0.888
14	153.9	308	461	615	769	923	1077	1231	1385	1.21
16	201.1	402	603	804	1005	1206	1407	1608	1809	1.58
18	254.5	509	763	1017	1272	1527	1781	2036	2290	2.00(2.11)
20	314.2	628	942	1256	1570	1884	2199	2513	2827	2.47
22	380.1	760	1140	1520	1900	2281	2661	3041	3421	2.98
25	490.9	982	1473	1964	2454	2945	3436	3927	4418	3.85(4.10)
28	615.8	1232	1847	2463	3079	3695	4310	4926	5542	4.83
32	804.2	1609	2413	3217	4021	4826	5630	6434	7238	6.31(6.65)
36	1017.9	2036	3054	4072	5089	6107	7125	8143	9161	7.99
40	1256.6	2513	3770	5027	6283	7540	8796	10053	11310	9.87(10.34)
50	1963.5	3928	5892	7856	9820	11784	13748	15712	17676	15.42(16.28)

注:括号内为预应力螺纹钢筋的数值。

三、受拉钢筋基本锚固长度 l_{ab}、l_{abE}

为了方便施工人员查用,G101 图集将混凝土结构中常用的钢筋和各级混凝土强度等级组合,将受拉钢筋锚固长度值计算,得出钢筋直径的整倍数形式,编制成表格(见表 1-4、表 1-5)。

表 1-4　受拉钢筋基本锚固长度 l_{ab}

钢筋种类	混凝土强度等级								
	C20	C25	C30	C35	C40	C45	C50	C55	≥C60
HPB300	39d	34d	30d	28d	25d	24d	23d	22d	21d
HRB335	38d	33d	29d	27d	25d	23d	22d	21d	21d
HRB400、HRBF400 RRB400	—	40d	35d	32d	29d	28d	27d	26d	25d
HRB500、HRBF500	—	48d	43d	39d	36d	34d	32d	31d	30d

表 1-5　抗震设计时受拉钢筋基本锚固长度 l_{abE}

钢筋种类		混凝土强度等级								
		C20	C25	C30	C35	C40	C45	C50	C55	≥C60
HPB300	一、二级	45d	39d	35d	32d	29d	28d	26d	25d	24d
	三级	41d	36d	32d	29d	26d	25d	24d	23d	22d
HRB335	一、二级	44d	38d	33d	31d	29d	26d	25d	24d	24d
	三级	40d	35d	31d	28d	26d	24d	23d	22d	22d
HRB400 HRBF400	一、二级	—	46d	40d	37d	33d	32d	31d	30d	29d
	三级	42d	37d	34d	30d	29d	28d	27d	26d	
HRB500 HRBF500	一、二级	—	55d	49d	45d	41d	39d	37d	36d	35d
	三级	50d	45d	41d	38d	36d	34d	33d	32d	

注：①四级抗震时，$l_{abE}=l_{ab}$；②当锚固钢筋的保护层厚度不大于 5d 时，锚固钢筋长度范围内应设置横向构造钢筋，其直径不应小于 d/4（d 为锚固钢筋的最大直径）；对梁、柱等构件间距不应大于 5d，对板、墙等构件间距不应大于 10d，且均不应大于 100mm（d 为锚固钢筋的最小直径）。

四、钢筋弯曲伸长率

钢筋的加工弯曲直径取 D＝5d 时，求得各弯折角度的量度近似差值（见表 1-6）。

表 1-6　钢筋弯折量度近似差值

弯曲角度	30°	45°	60°	90°	135°
伸长率	0.3d	0.5d	1.0d	2.0d	3.0d

第四节　平法图集的类型及内容

一、平法图集的类型

为了规范使用建筑结构施工图平面整体设计方法，保证按平法设计绘制的结构施工图实现全国统一，确保设计、施工质量，平法制图规则已纳入国家建筑标准设计 G101 系列图集《混凝土结构施工图平面整体表示方法制图规则和构造详图》。平法系列图集包括：

16G101-1《混凝土结构施工图平面整体表示方法制图规则和构造详图（现浇混凝土框架、剪力墙、梁、板）》；

16G101-2《混凝土结构施工图平面整体表示方法制图规则和构造详图（现浇混凝土板式楼梯）》；

16G101－3《混凝土结构施工图平面整体表示方法制图规则和构造详图（独立基础、条形基础、筏形基础、桩基础）》。

二、平法图集的内容

平法图集主要包括平面整体表示方法制图规则和标准构造详图两大部分内容。制图规则主要使用文字表达技术规则，标准构造详图是用图形表达的技术规则。两者相辅相成，缺一不可。平法结构施工图包括平法施工图和标准构造详图。

1. 平法施工图

平法施工图是在各类构件的结构平面布置图上，直接按制图规则标注每个构件的几何尺寸和配筋；同时含有结构设计说明。

2. 标准构造详图

标准构造详图提供的是平法施工图图纸中未表达的节点构造和构件本体构造等不需结构设计师设计和绘制的内容。节点构造是指构件与构件之间的连接构造，构件本体构造指节点以外的配筋构造。

第二章 平法结构钢筋施工图

第一节 传统制图表达方法

我国传统的结构标准化,通常将单个基础、单根柱、单榀屋架、单根梁、单块楼板、单跑楼梯等从结构中"分离出来",编制成标准图,取代结构工程师的部分设计。结构设计者只需要根据层高、跨度、荷载、材料强度等级等简单要素,在标准设计图集中进行选择,即可将现成的标准设计补充到结构设计之中。设计者选用标准化的构件设计,通常既不需要进行受力分析,也不需要进行强度计算和刚度验算,标准设计取代了结构设计师的许多劳动。传统的"构件标准化"在一定程度上提高了结构设计效率,保证了构件质量,也降低了设计成本。

构件标准化方式与机械部件标准化方式十分相似,从结构中分离出构件加以标准化,类似于机械零部件的标准化。但由于结构设计是随建筑设计原始创作之后的再创作,通常不能独立于建筑设计,而建筑设计通常都是独具特色的单独创作,因此,通用的结构构件的应用在实际工程中仅占较小比例。因此,预制钢筋混凝土构件的标准化率高一些,而现浇钢筋混凝土结构的标准化率相对较低,结构构件的总体标准化率不高。另外,大量标准化的结构构件是非连接构件,导致建筑结构构件的标准化存在一定问题。

从另一个方面来讲,结构设计师对整座建筑结构的可靠度和经济适用性负有重大责任,每一个构件乃至结构整体均须经过工程师的设计,使其承载能力大于或等于荷载产生的内力,以确保结构的安全度。若设计师选用了构件标准设计,那么相当于设计师也丢掉了自己关于标准构件这一块的责任和权利。

从理论上来说,适合标准化的对象应该是规格相同且应用量大面广的部件,但对于混凝土结构构件的标准化,规格相同且应用量大面广的构件并不多,且各构件连接节点的几何尺寸和配筋规格数量往往各不相同,将其标准化似乎缺少必要条件。显然,"构件标准化"方式对我国量大面广的多、高层与超高层现浇钢筋混凝土结构的适用性不高,总体标准化率通常不到10%。综上所述,在解决结构设计效率低的矛盾方面,构件标准化方式对全现浇钢筋混凝土结构的作用有限。

第二节 平法制图基本概念

采用传统设计方法影响设计质量与设计效率的主要原因,是设计内容上存在大量重复,而更重要的原因,则是将创造性与重复性设计内容混在了一起。因此,我们只要解决了重复问题,将会大大突破传统设计方法的限制。

传统钢筋混凝土结构设计中存在的大量重复,大部分是离散分布的构造做法的简单重复。构造做法主要包括节点构造和构件本体构造两大部分。工程师对这两大类构造,通常遵照相关的条文规定和借鉴一些设计资料来绘制,设计时多处重复,反复绘制。这样的设计内容,显然不属于设计工程师的创造性设计内容。若将传统的"构件标准化"换成与两大类构造相关的"构造标准化",就能够大幅度提高标准化率和减少设计工程师的重复性劳动。这样一来,设计图纸中减少了重复,也可大幅度降低出错概率,因此,可实现既能提高设计效率,又能提高设计质量的双重目标。

一条新型标准化思路也随之逐渐形成,沿着这条思路,我们走到另一片结构标准化领域。在这个领域中,不存在任何完整的标准化构件,但却包括所有结构必需的节点构造和构件构造的标准设计。这两大类构造不仅可适用于所有的构件,还与构件的具体跨度、高度、截面尺寸等无限制性关系,与构件截面中的内力无直接关系,与构件所承受的荷载无直接关系,与设计师根据承载力要求所配置钢筋的规格数量也无直接关系。根据这一思路,我们可以将具体工程中大量运用、理论与实践均比较成熟的构造做法,集中编制成标准设计,对节点构造和构件本体构造实行大规模标准化。这样的标准化方式不仅适用范围广,而且也不替代结构设计工程师的责任与权利,完全尊重结构设计工程师的创造性劳动。这种新型标准化方式,相对于传统的"构件标准化",可定义为"广义标准化"方式,也就是我们所说的"平法"。这种方式对于现浇钢筋混凝土结构,在解决传统结构施工图存在大量重复的矛盾方面,明显取得了重大突破。

第三节　基础构件施工图制图规则

一、独立基础平法施工图制图规则
1. 独立基础平法施工图的表示方法

(1)独立基础平法施工图,有平面注写与截面注写两种表达方式,设计者可根据具体工程情况选择一种或两种方式相结合进行独立基础的施工图设计。

(2)当绘制独立基础平面布置图时,应将独立基础平面与基础所支承的柱一起绘制。当设置基础联系梁时,可根据图面的疏密情况,将基础联系梁与基础平面布置图一起绘制,或将基础联系梁布置图单独绘制。

(3)在独立基础平面布置图上应标注基础定位尺寸;当独立基础的柱中心线或杯口中心线与建筑轴线不重合时,应标注其定位尺寸。编号相同且定位尺寸相同的基础,可仅选择一个进行标注。

2. 独立基础编号

各种独立基础编号应符合表 2-1 规定。

表 2-1　独立基础编号

类型	基础底板截面形状	代号	序号
普通独立基础	阶形	DJ$_J$	××
	坡形	DJ$_P$	××
杯口独立基础	阶形	BJ$_J$	××
	坡形	BJ$_P$	××

设计时应注意:当独立基础截面形状为坡形时,其坡面应采用能保证混凝土浇筑、振捣密实的较缓坡度;当采用较陡坡度时,应要求施工采用在基础顶部坡面加模板等措施,以确

保独立基础的坡面浇筑成型、振捣密实。

3. 独立基础的平面注写方式

独立基础的平面注写方式,分为集中标注和原位标注两部分内容。

(1)普通独立基础和杯口独立基础的集中标注,系在基础平面图上集中引注基础编号、截面竖向尺寸、配筋三项必注内容,以及基础底面标高(与基础底面基准标高不同时)和必要的文字注解两项选注内容。

素混凝土普通独立基础的集中标注,除无基础配筋内容外均与钢筋混凝土普通独立基础相同。

独立基础集中标注的具体内容规定如下:

1)注写独立基础编号(必注内容),见表 2-1。独立基础底板的截面形状通常包括以下两种。

①阶形截面编号加下标"J",例如 $DJ_J \times \times$、$BJ_J \times \times$。

②坡形截面编号加下标"P",例如 $DJ_P \times \times$、$BJ_P \times \times$。

2)注写独立基础截面竖向尺寸(必注内容)。下面按普通独立基础和杯口独立基础分别进行说明。

①普通独立基础。注写为 $h_1/h_2/\cdots\cdots$,具体标注如下:

a. 当基础为阶形截面时如图 2-1 所示。图 2-1 为三阶;当为更多阶时,各阶尺寸自下而上用"/"分隔顺写。当基础为单阶时,其竖向尺寸仅为一个,并且为基础总高度,如图 2-2 所示。

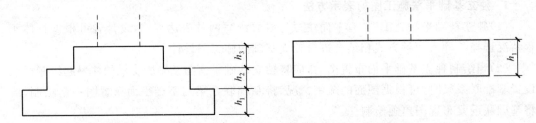

图 2-1　阶形截面普通独立基础竖向尺寸　　　图 2-2　单阶普通独立基础竖向尺寸

b. 当基础为坡形截面时,注写为 h_1/h_2,如图 2-3 所示。

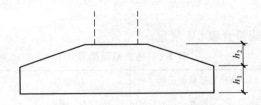

图 2-3　坡形截面普通独立基础竖向尺寸

②杯口独立基础。

a. 当基础为阶形截面时,其竖向尺寸分两组,一组表达杯口内,另一组表达杯口外,两组尺寸以","分隔,注写为:a_0/a_1,$h_1/h_2/\cdots\cdots$如图 2-4 和图 2-5 所示,其中杯口深度 a_0 为柱插入杯口的尺寸加 50mm。

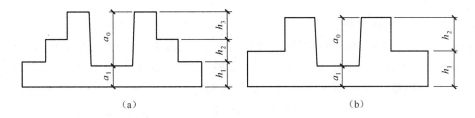

图 2-4　阶形截面杯口独立基础竖向尺寸

(a)注写方式一　(b)注写方式二

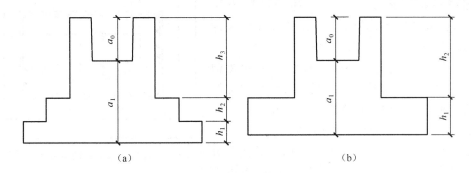

图 2-5　阶形截面高杯口独立基础竖向尺寸

(a)注写方式一　(b)注写方式二

b. 当基础为坡形截面时,注写为:a_0/a_1,$h_1/h_2/h_3$……,如图 2-6 和图 2-7 所示。

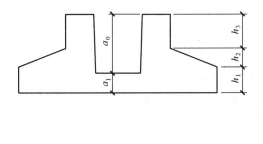

图 2-6　坡形截面杯口独立基础竖向尺寸　　**图 2-7　坡形截面高杯口独立基础竖向尺寸**

3)注写独立基础配筋(必注内容)。

①独立基础底板配筋口普通独立基础和杯口独立基础的底部双向配筋注写规定如下:

a. 以 B 代表各种独立基础底板的底部配筋。

b. X 向配筋以"X"打头、Y 向配筋以"Y"打头注写;当两向配筋相同时,则以 X&Y 打头注写。

②注写杯口独立基础顶部焊接钢筋网。以"Sn"打头引注杯口顶部焊接钢筋网的各边钢筋。

当双杯口独立基础中间杯壁厚度小于 400mm 时,在中间杯壁中配置构造钢筋见相应标准构造详图,设计不注。

③注写高杯口独立基础的短柱配筋(亦适用于杯口独立基础杯壁有配筋的情况)。具体

注写规定如下：

a. 以"O"代表短柱配筋。

b. 先注写短柱纵筋，再注写箍筋。注写为：角筋/长边中部筋/短边中部筋，箍筋（两种间距）；当短柱水平截面为正方形时，注写为：角筋/x 边中部筋/y 边中部筋，箍筋（两种间距，短柱杯口壁内箍筋间距/短柱其他部位箍筋间距）。

c. 对于双高杯口独立基础的短柱配筋，注写形式与单高杯口相同，如图 2-8 所示（本图只表示基础短柱纵筋与矩形箍筋）。

当双高杯口独立基础中间杯壁厚度小于400mm 时，在中间杯壁中配置构造钢筋见相应标准构造详图，设计不注。

④注写普通独立基础带短柱竖向尺寸及钢筋。当独立基础埋深较大，设置短柱时，短柱配筋应注写在独立基础中。具体注写规定如下。

a. 以 DZ 代表普通独立基础短柱。

b. 先注写短柱纵筋，再注写箍筋，最后注写短柱标高范围。注写为：角筋/长边中部筋/短边中

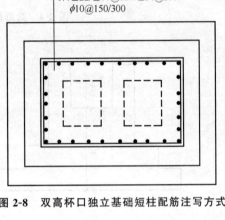

0:4⊈22/⊈16@220/⊈14@200
φ10@150/300

图 2-8　双高杯口独立基础短柱配筋注写方式

部筋，箍筋，短柱标高范围；当短柱水平截面为正方形时，注写为：角筋/x 边中部筋/y 边中部筋，箍筋，短柱标高范围。

4）注写基础底面标高（选注内容）。当独立基础的底面标高与基础底面基准标高不同时，应将独立基础底面标高直接注写在括号内。

5）必要的文字注解（选注内容）。当独立基础的设计有特殊要求时，宜增加必要的文字注解。例如，基础底板配筋长度是否采用减短方式等，可在该项内注明。

（2）钢筋混凝土和素混凝土独立基础的原位标注，是在基础平面布置图上标注独立基础的平面尺寸。对相同编号的基础，可选择一个进行原位标注；当平面图形较小时，可将所选定进行原位标注的基础按比例适当放大；其他相同编号者仅注编号。

原位标注的具体内容规定如下：

1）普通独立基础。原位标注 x、y、x_c、y_c（或圆柱直径 d_c），x_i、y_i，$i=1,2,3$……其中，x、y 为普通独立基础两向边长，x_c、y_c 为柱截面尺寸，x_i、y_i 为阶宽或坡形平面尺寸（当设置短柱时，尚应标注短柱的截面尺寸）。

对称阶形截面普通独立基础的原位标注，如图 2-9 所示；非对称阶形截面普通独立基础的原位标注，如图 2-10 所示；设置短柱普通独立基础的原位标注，如图 2-11 所示。

对称坡形截面普通独立基础的原位标注，如图 2-12 所示；非对称坡形截面普通独立基础的原位标注，如图 2-13 所示。

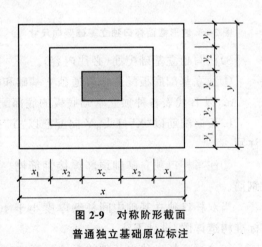

**图 2-9　对称阶形截面
普通独立基础原位标注**

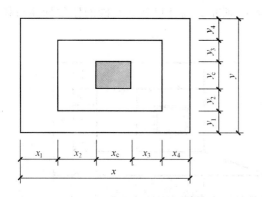

图 2-10 非对称阶形截面普通独立基础原位标注

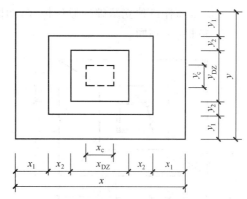

图 2-11 带短柱普通独立基础原位标注

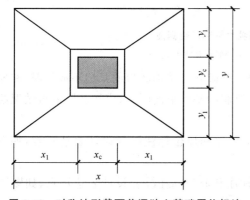

图 2-12 对称坡形截面普通独立基础原位标注

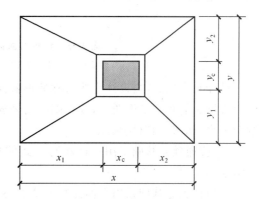

图 2-13 非对称坡形截面普通独立基础原位标注

2)杯口独立基础。原位标注 x、y、x_u、y_u、t_i、x_i、y_i，$i=1,2,3$……其中，x、y 为杯口独立基础两向边长，x_u、y_u 为杯口上口尺寸，t_i 为杯壁上口厚度，下口厚度为 t_i+25，x_i、y_i 为阶宽或坡形截面尺寸。

杯口上口尺寸 x_u、y_u，按柱截面边长两侧双向各加 75mm；杯口下口尺寸按标准构造详图（为插入杯口的相应柱截面边长尺寸，每边各加 50mm），设计不注。

阶形截面杯口独立基础的原位标注，如图 2-14 所示。高杯口独立基础原位标注与杯口独立基础完全相同。

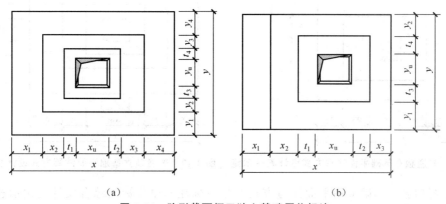

(a)   (b)

图 2-14 阶形截面杯口独立基础原位标注

(a)基础底板四边阶数相同 (b)基础底板的一边比其他三边多一阶

坡形截面杯口独立基础的原位标注,如图 2-15 所示。高杯口独立基础的原位标注与杯口独立基础完全相同。

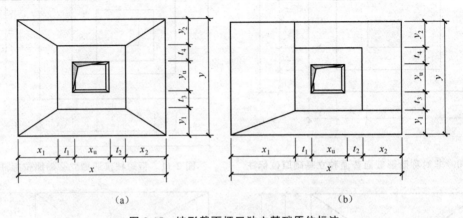

（a）　　　　　　　　　　　　　　　　（b）

图 2-15　坡形截面杯口独立基础原位标注

（a）基础底板四边均放坡　（b）基础底板有两边不放坡

设计时应注意:当设计为非对称坡形截面独立基础并且基础底板的某边不放坡时,在原位放大绘制的基础平面图上,或在圈引出来放大绘制的基础平面图上,应按实际放坡情况绘制分坡线,如图 2-15（b）所示。

（3）普通独立基础采用平面注写方式的集中标注和原位标注综合设计表达示意,如图 2-16 所示。

带短柱独立基础采用平面注写方式的集中标注和原位标注综合设计表达示意,如图 2-17 所示。

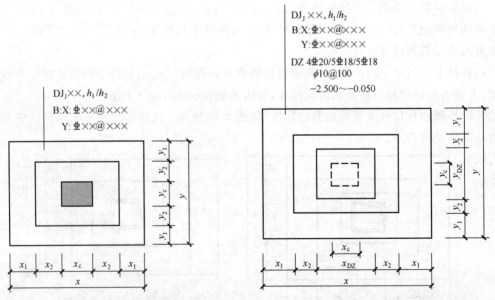

图 2-16　普通独立基础平面注写方式设计表达示意　图 2-17　普通独立基础平面注写方式设计表达示意

（4）杯口独立基础采用平面注写方式的集中标注和原位标注综合设计表达示意,如图 2-18 所示。

在图 2-18 中,集中标注的第三、四行内容是表达高杯口独立基础短柱的竖向纵筋和横向箍筋;当为杯口独立基础时,集中标注通常为第一、二、五行的内容。

(5)独立基础通常为单柱独立基础,也可为多柱独立基础(双柱或四柱等)。多柱独立基础的编号、几何尺寸和配筋的标注方法与单柱独立基础相同。

当为双柱独立基础并且柱距较小时,通常仅配置基础底部钢筋;当柱距较大时,除基础底部配筋外,尚需在两柱间配置基础顶部钢筋或设置基础梁;当为四柱独立基础时,通常可设置两道平行的基础梁,需要时可在两道基础梁之间配置基础顶部钢筋。

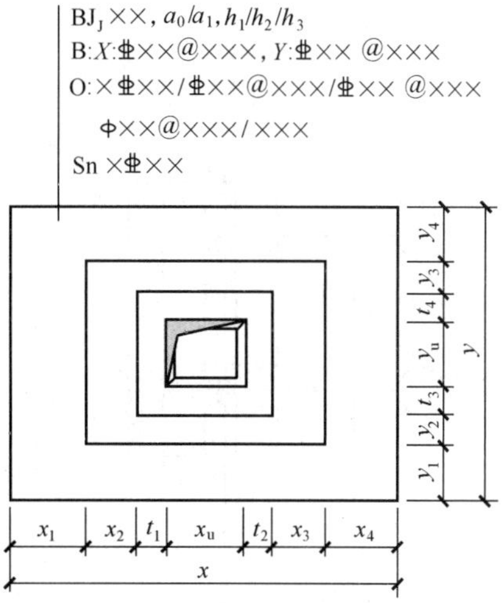

多柱独立基础顶部配筋和基础梁的注写方法规定如下。

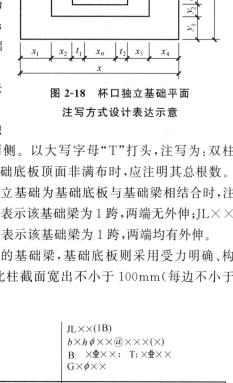

图 2-18　杯口独立基础平面注写方式设计表达示意

①注写双柱独立基础底板顶部配筋。双柱独立基础的顶部配筋,通常对称分布在双柱中心线两侧。以大写字母"T"打头,注写为:双柱间纵向受力钢筋/分布钢筋。当纵向受力钢筋在基础底板顶面非满布时,应注明其总根数。

②注写双柱独立基础的基础梁配筋。当双柱独立基础为基础底板与基础梁相结合时,注写基础梁的编号、几何尺寸和配筋。例如 JL××(1)表示该基础梁为 1 跨,两端无外伸;JL××(1A)表示该基础梁为 1 跨,一端有外伸;JL××(1B)表示该基础梁为 1 跨,两端均有外伸。

通常情况下,双柱独立基础宜采用端部有外伸的基础梁,基础底板则采用受力明确、构造简单的单向受力配筋与分布筋。基础梁宽度宜比柱截面宽出不小于 100mm(每边不小于 50mm)。

基础梁的注写规定与条形基础的基础梁注写规定相同。注写示意图如图 2-19 所示。

③注写双柱独立基础的底板配筋。双柱独立基础底板配筋的注写,可以按条形基础底板的注写规定,也可以按独立基础底板的注写规定。

④注写配置两道基础梁的四柱独立基础底板顶部配筋。当四柱独立基础已设置两道平行的基础梁时,根据内力需要可在双梁之间以及梁的长度范围内配置基础顶部钢筋,注写为:梁间受力钢筋/分布钢筋。

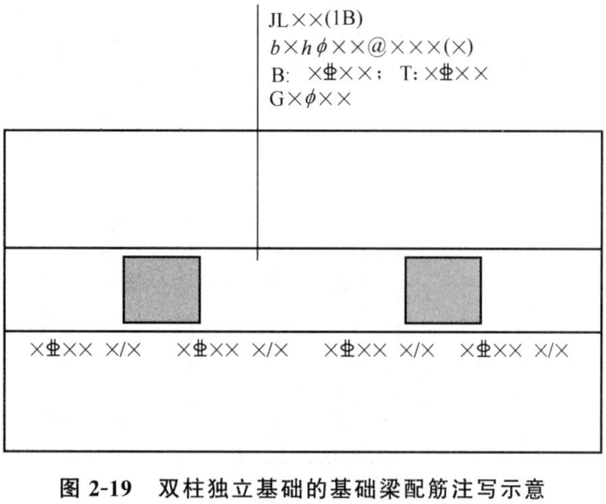

图 2-19　双柱独立基础的基础梁配筋注写示意

平行设置两道基础梁的四柱独立基础底板配筋,也可按双梁条形基础底板配筋的注写规定。

(6)采用平面注写方式表达的独立基础设计施工图如图 2-20 所示。

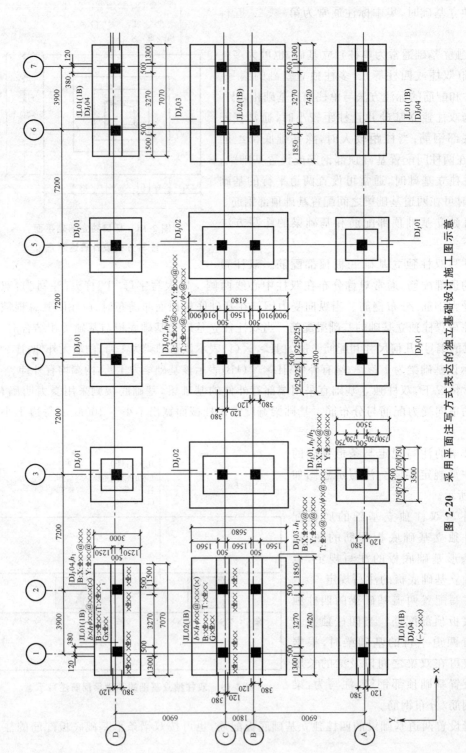

图 2-20　采用平面注写方式表达的独立基础设计施工图示意

[注：①X、Y 为图面方向；②±0.000 的绝对标高 (m)：×××××；基础底面基准标高 (m)：-××××。]

4. 独立基础的截面注写方式

(1)独立基础的截面注写方式,又可分为截面标注和列表注写(结合截面示意图)两种表达方式。采用截面注写方式,应在基础平面布置图上对所有基础进行编号,见表2-1。

(2)对单个基础进行截面标注的内容和形式,与传统"单构件正投影表示方法"基本相同。对于已在基础平面布置图上原位标注清楚的该基础的平面几何尺寸,在截面图上可不再重复表达,具体表达内容可参照16G101-3图集中相应的标准构造。

(3)对多个同类基础,可采用列表注写(结合截面示意图)的方式进行集中表达。表中内容为基础截面的几何数据和配筋等,在截面示意图上应标注与表中栏目相对应的代号。列表的具体内容规定如下:

1)普通独立基础。普通独立基础列表集中注写栏目如下。

①编号:阶形截面编号为 $DJ_J××$,坡形截面编号为 $DJ_P××$。

②几何尺寸:水平尺寸 x、y、x_c、y_c(或圆柱直径 d_c),x_i、y_i,$i=1,2,3……$竖向尺寸 $h_1/h_2……$

③配筋:B:X:$\phi××@×××$,Y:$\phi××@×××$。

普通独立基础列表格式见表2-2。

表2-2　普通独立基础几何尺寸和配筋表

基础编号/截面号	截面几何尺寸				底部配筋(B)	
	x、y	x_c、y_c	x_i、y_i	$h_1/h_2/……$	X 向	Y 向

注:表中可根据实际情况增加栏目。例如:当基础底面标高与基础底面基准标高不同时,加注基础底面标高;当为双柱独立基础时,加注基础顶部配筋或基础梁几何尺寸和配筋;当设置短柱时增加短柱尺寸及配筋等。

2)杯口独立基础。杯口独立基础列表集中注写栏目如下。

①编号:阶形截面编号为 $BJ_J××$,坡形截面编号为 $BJ_P××$。

②几何尺寸:水平尺寸 x、y、x_u、y_u、t_i、x_i、y_i,$i=1,2,3……$竖向尺寸 $a_0,a_1,h_1/h_2/h_3……$

③配筋:B:X:$\phi××@×××$,Y:$\phi××@×××$,Sn×$\phi××$,O:×$\phi××/\phi××$ $@×××/\phi××@×××$,$\phi××@×××/×××$。

杯口独立基础列表格式见表2-3。

表2-3　杯口独立基础几何尺寸和配筋表

基础编号/截面号	截面几何尺寸				底部配筋(B)		杯口顶部钢筋网(Sn)	短柱配筋(O)	
	x、y	x_c、y_c	x_i、y_i	a_0、a_1,$h_1/h_2/h_3……$	X 向	Y 向		角筋/长边中部筋/短边中部筋	杯口壁箍筋/其他部位箍筋

注:1. 表中可根据实际情况增加栏目。如当基础底面标高与基础底面基准标高不同时,加注基础底面标高;或增加说明栏目等。

2. 短柱配筋适用于高杯口独立基础,并适用于杯口独立基础杯壁有配筋的情况。

5. 其他

(1)与独立基础相关的基础联系梁的平法施工图设计,详见16G101-3图集第7章的相关规定。

(2)当杯口独立基础配合采用国家建筑标准设计预制基础梁时,应根据其要求,处理好相关构造。

二、条形基础平法施工图制图规则

1. 条形基础平法施工图的表示方法

(1)条形基础平法施工图,包括平面注写与截面注写两种表达方式,设计者可根据具体工程情况选择一种,或将两种方式相结合进行条形基础的施工图设计。

(2)当绘制条形基础平面布置图时,应将条形基础平面与基础所支承的上部结构的柱、墙一起绘制。当基础底面标高不同时,需注明与基础底面基准标高不同之处的范围和标高。

(3)当梁板式基础梁中心或板式条形基础板中心与建筑定位轴线不重合时,应标注其定位尺寸;对于编号相同的条形基础,可仅选择一个进行标注。

(4)条形基础整体上可分为以下两类。

1)梁板式条形基础。它适用于钢筋混凝土框架结构、框架—剪力墙结构、部分框支剪力墙结构和钢结构。平法施工图将梁板式条形基础分解为基础梁和条形基础底板分别进行表达。

2)板式条形基础。它适用于钢筋混凝土剪力墙结构和砌体结构。平法施工图仅表达条形基础底板。

2. 条形基础编号

条形基础编号分为基础梁和条形基础底板编号,应符合表 2-4 的规定。

表 2-4　条形基础梁及底板编号

类型		代号	序号	跨数及有无外伸
基础梁		JL	××	(××)端部无外伸
条形基础底板	阶形	TJB_P	××	(××A)一端有外伸
	坡形	TJB_J	××	(××B)两端有外伸

注:条形基础通常采用坡形截面或单阶形截面。

3. 基础梁的平面注写方式

(1)基础梁 JL 的平面注写方式,分集中标注和原位标注两部分内容,当集中标注的某项数值不适用于基础梁的某部位时,则将该项数值采用原位标注,施工时,原位标注优先。

(2)基础梁的集中标注内容包括基础梁编号、截面尺寸、配筋三项必注内容,以及基础梁底面标高(与基础底面基准标高不同时)和必要的文字注解两项选注内容。具体规定如下。

1)注写基础梁编号(必注内容),见表 2-4。

2)注写基础梁截面尺寸(必注内容)。注写 $b \times h$,表示梁截面宽度与高度。当为竖向加腋梁时,用 $b \times h$ $Yc_1 \times c_2$ 表示,其中 c_1 为腋长,c_2 为腋高。

3)注写基础梁配筋(必注内容)。

①注写基础梁箍筋:

a. 当具体设计仅采用一种箍筋间距时,注写钢筋级别、直径、间距与肢数(箍筋肢数写在括号内,下同)。

b. 当具体设计采用两种箍筋时,用"/"分隔不同箍筋,按照从基础梁两端向跨中的顺序注写。先注写第 1 段箍筋(在前面加注箍筋道数),在斜线后再注写第 2 段箍筋(不再加注箍筋道数)。

施工时应注意:两向基础梁相交的柱下区域,应有一向截面较高的基础梁箍筋贯通设置;当两向基础梁高度相同时,任选一向基础梁箍筋贯通设置。

②注写基础梁底部、顶部及侧面纵向钢筋:

a. 以"B"打头,注写梁底部贯通纵筋(不应少于梁底部受力钢筋总截面面积的1/3)。当跨中所注根数少于箍筋肢数时,需要在跨中增设梁底部架立筋以固定箍筋,采用"+"将贯通纵筋与架立筋相联,架立筋注写在加号后面的括号内。

b. 以"T"打头,注写梁顶部贯通纵筋。注写时用分号";"将底部与顶部贯通纵筋分隔开,如有个别跨与其不同者,按本规则下述第(3)条原位注写的规定处理。

c. 当梁底部或顶部贯通纵筋多于一排时,用"/"将各排纵筋自上而下分开。

d. 以大写字母"G"打头注写梁两侧面对称设置的纵向构造钢筋的总配筋值(当梁腹板净高 h_w 不小于450mm 时,根据需要配置)。

当需要配置抗扭纵向钢筋时,梁两个侧面设置的抗扭纵向钢筋以"N"打头。

4)注写基础梁底面标高(选注内容)。当条形基础的底面标高与基础底面基准标高不同时,将条形基础底面标高注写在括号内。

5)必要的文字注解(选注内容)。当基础梁的设计有特殊要求时,宜增加必要的文字注解。

(3)基础梁 JL 的原位标注规定如下。

1)基础梁支座的底部纵筋,系指包含贯通纵筋与非贯通纵筋在内的所有纵筋:

①当底部纵筋多于一排时,用"/"将各排纵筋自上而下分开。

②当同排纵筋有两种直径时,用"+"将两种直径的纵筋相联。

③当梁支座或两边的底部纵筋配置不同时,需在支座两边分别标注;当梁支座两边的底部纵筋相同时,可仅在支座的一边标注。

④当梁支座底部全部纵筋与集中注写过的底部贯通纵筋相同时,可不再重复做原位标注。

⑤竖向加腋梁加腋部位钢筋,需在设置加腋的支座处以"Y"打头注写在括号内。

设计时应注意:对于底部一平梁的支座两边配筋值不同的底部非贯通纵筋("底部一平"为"梁底部在同一个平面上"的缩略词),应先按较小一边的配筋值选配相同直径的纵筋贯穿支座,再将较大一边的配筋差值选配适当直径的钢筋锚入支座,避免造成支座两边大部分钢筋直径不相同的不合理配置结果。

施工及预算方面应注意:当底部贯通纵筋经原位注写修正,出现两种不同配置的底部贯通纵筋时,应在两毗邻跨中配置较小一跨的跨中连接区域进行连接(即配置较大一跨的底部贯通纵筋需伸出至毗邻跨的跨中连接区域)。

2)原位注写基础梁的附加箍筋或(反扣)吊筋。当两向基础梁十字交叉,但是交叉位置无柱时,应根据需要设置附加箍筋或(反扣)吊筋。

将附加箍筋或(反扣)吊筋直接画在平面图中条形基础主梁上,原位直接引注总配筋值(附加箍筋的肢数注在括号内)。当多数附加箍筋或(反扣)吊筋相同时,可在条形基础平法施工图上统一注明。少数与统一注明值不同时,再原位直接引注。

施工时应注意:附加箍筋或(反扣)吊筋的几何尺寸应按照标准构造详图,结合其所在位置的主梁和次梁的截面尺寸确定。

3）原位注写基础梁外伸部位的变截面高度尺寸。当基础梁外伸部位采用变截面高度时，在该部位原位注写 $b \times h_1/h_2$，h_1 为根部截面高度，h_2 为尽端截面高度。

4）原位注写修正内容。当在基础梁上集中标注的某项内容（例如，截面尺寸、箍筋、底部与顶部贯通纵筋或架立筋、梁侧面纵向构造钢筋、梁底面标高等）不适用于某跨或某外伸部位时，将其修正内容原位标注在该跨或该外伸部位，施工时原位标注取值优先。

当在多跨基础梁的集中标注中已注明竖向加腋，而该梁某跨根部不需要竖向加腋时，则应在该跨原位标注无 $Yc_1 \times c_2$ 的 $b \times h$，以修正集中标注中的竖向加腋要求。

4. 基础梁底部非贯通纵筋的长度规定

（1）为方便施工，对于基础梁柱下区域底部非贯通纵筋的伸出长度 a_0 值：当配置不多于两排时，在标准构造详图中统一取值为自柱边向跨内伸出至 $l_n/3$ 位置；当非贯通纵筋配置多于两排时，从第三排起向跨内的伸出长度值应由设计者注明。l_n 的取值规定为：边跨边支座的底部非贯通纵筋，l_n 取本边跨的净跨长度值；对于中间支座的底部非贯通纵筋，l_n 取支座两边较大一跨的净跨长度值。

（2）基础梁外伸部位底部纵筋的伸出长度 a_0 值，在标准构造详图中统一取值为：第一排伸出至梁端头后，全部上弯 $12d$ 或 $15d$；其他排钢筋伸至梁端头后截断。

（3）设计者在执行第（1）、（2）条底部非贯通纵筋伸出长度的统一取值规定时，应注意按《混凝土结构设计规范》（GB 50010—2010）、《建筑地基基础设计规范》（GB 50007—2011）和《高层建筑混凝土结构技术规程》（JCJ 3—2010）的相关规定进行校核，若不满足时应另行变更。

5. 条形基础底板的平面注写方式

（1）条形基础底板 TJB_P、TJB_J 的平面注写方式，分集中标注和原位标注两部分内容。

（2）条形基础底板的集中标注内容包括条形基础底板编号、截面竖向尺寸、配筋三项必注内容，以及条形基础底板底面标高（与基础底面基准标高不同时）、必要的文字注解两项选注内容。

素混凝土条形基础底板的集中标注，除无底板配筋内容外与钢筋混凝土条形基础底板相同。具体规定如下：

1）注写条形基础底板编号（必注内容），见表2-4。条形基础底板向两侧的截面形状通常包括以下两种：

①阶形截面，编号加下标"J"，例如 $TJB_J \times \times (\times \times)$。

②坡形截面，编号加下标"P"，例如 $TJB_P \times \times (\times \times)$。

2）注写条形基础底板截面竖向尺寸（必注内容）。注写 $h_1/h_2/\cdots\cdots$具体标注如下。

①当条形基础底板为坡形截面时，注写为 h_1/h_2，如图 2-21 所示。

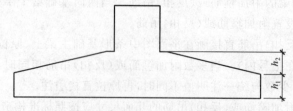

图 2-21　条形基础底板坡形截面竖向尺寸

②当条形基础底板为阶形截面时,如图 2-22 所示。

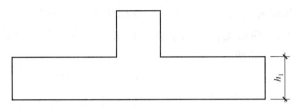

图 2-22 条形基础底板阶形截面竖向尺寸

图 2-22 为单阶,当为多阶时各阶尺寸自下而上以"/"分隔顺写。

3)注写条形基础底板底部及顶部配筋(必注内容)。

以"B"打头,注写条形基础底板底部的横向受力钢筋;以"T"打头,注写条形基础底板顶部的横向受力钢筋;注写时,用"/"分隔条形基础底板的横向受力钢筋与纵向分布钢筋,如图 2-23 和图 2-24 所示。

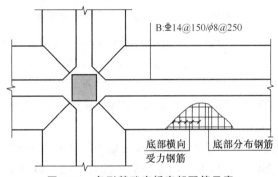

图 2-23 条形基础底板底部配筋示意

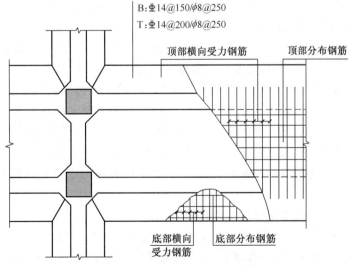

图 2-24 双梁条形基础底板配筋示意

4)注写条形基础底板底面标高(选注内容)。当条形基础底板的底面标高与条形基础底面基准标高不同时,应将条形基础底板底面标高注写在括号内。

5)必要的文字注解(选注内容)。当条形基础底板有特殊要求时,应增加必要的文字注解。

（3）条形基础底板的原位标注规定如下。

1）原位注写条形基础底板的平面尺寸。原位标注 b、b_i，$i=1,2,\cdots\cdots$其中，b 为基础底板总宽度，b_i 为基础底板台阶的宽度。当基础底板采用对称于基础梁的坡形截面或单阶形截面时，b_i 可不注，如图 2-25 所示。

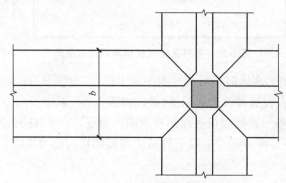

图 2-25　条形基础底板平面尺寸原位标注

素混凝土条形基础底板的原位标注与钢筋混凝土条形基础底板相同。

对于相同编号的条形基础底板，可仅选择一个进行标注。

条形基础存在双梁式双墙共用同一基础底板的情况，当为双梁或为双墙并且梁或墙荷载差别较大时，条形基础两侧可取不同的宽度，实际宽度以原位标注的基础底板两侧非对称的不同台阶宽度 b_i 进行表达。

2）原位注写修正内容。当在条形基础底板上集中标注的某项内容，例如底板截面竖向尺寸、底板配筋、底板底面标高等，不适用于条形基础底板的某跨或某外伸部分时，可将其修正内容原位标注在该跨或该外伸部位，施工时原位标注取值优先。

（4）采用平面注写方式表达的条形基础设计施工图如图 2-26 所示。

6. 条形基础的截面注写方式

（1）条形基础的截面注写方式，又可分为截面标注和列表注写（结合截面示意图）两种表达方式。采用截面注写方式，应在基础平面布置图上对所有条形基础进行编号，见表 2-4。

（2）对条形基础进行截面标注的内容和形式，与传统"单构件正投影表示方法"基本相同。对于已在基础平面布置图上原位标注清楚的该条形基础梁和条形基础底板的水平尺寸，可不在截面图上重复表达，具体表达内容可参照 16G101-3 图集中相应的标准构造。

（3）对多个条形基础可采用列表注写（结合截面示意图）的方式进行集中表达。表中内容为条形基础截面的几何数据和配筋，截面示意图上应标注与表中栏目相对应的代号。列表的具体内容规定如下。

1）基础梁。基础梁列表集中注写栏目如下。

①编号：注写 JL××（××）、JL××（××A）或 JL××（××B）。

②几何尺寸：梁截面宽度与高度 $b \times h$。当为竖向加腋梁时，注写 $b \times h$　$Yc_1 \times c_2$，其中 C_1 为腋长，C_2 为腋高。

③配筋：注写基础梁底部贯通纵筋＋非贯通纵筋，顶部贯通纵筋，箍筋。当设计为两种箍筋时，箍筋注写为：第一种箍筋/第二种箍筋，第一种箍筋为梁端部箍筋，注写内容包括箍筋的箍数、钢筋级别、直径、间距与肢数。

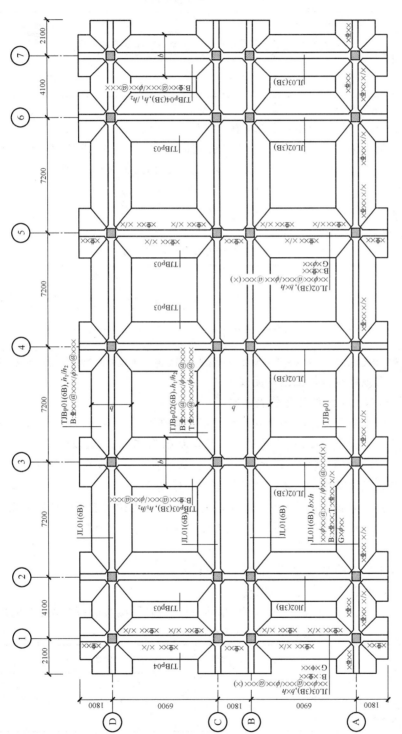

图 2-26　采用平面注写方式表达的条形基础设计施工图示意

[注：±0.000的绝对标高（m）：×××××××；基础底面标高：-×××××。]

基础梁列表格式见表 2-5。

表 2-5　基础梁几何尺寸和配筋表

基础梁编号/截面号	截面几何尺寸			配　筋	
	$b \times h$	竖向加腋 $c_1 \times c_2$	底部贯通纵筋＋非贯通纵筋,顶部贯通纵筋	第一种箍筋/第二种箍筋	

注:表中可根据实际情况增加栏目,如增加基础梁地面标高等。

2)条形基础底板。条形基础底板列表集中注写栏目如下。

①编号:坡形截面编号为 $TJB_P \times \times (\times \times)$、$TJB_P \times \times (\times \times A)$ 或 $TJB_P \times \times (\times \times B)$;阶形截面编号为 $TJB_J \times \times (\times \times)$、$TJB_J \times \times (\times \times A)$ 或 $TJB_J \times \times (\times \times B)$。

②几何尺寸:水平尺寸 b、b_i,$i=1,2,\cdots\cdots$竖向尺寸 h_1/h_2。

③配筋:B:$\oplus \times \times @ \times \times \times / \oplus \times \times @ \times \times \times$。

条形基础底板列表格式见表 2-6。

表 2-6　条形基础底板几何尺寸和配筋表

基础底板编号/截面号	截面几何尺寸			底部配筋(B)	
	b	b_i	h_1/h_2	横向受力钢筋	纵向分布钢筋

注:表中可根据实际情况增加栏目,如增加上部配筋、基础底板底面标高(与基础底板底面标高不一致时)等。

三、梁板式筏形基础平法施工图制图规则

1. 梁板式筏形基础平法施工图的表示方法

(1)梁板式筏形基础平法施工图是在基础平面布置图上采用平面注写方式进行表达。

(2)当绘制基础平面布置图时,应将梁板式筏形基础与其所支承的柱、墙一起绘制。梁板式筏形基础以多数相同的基础平板底面标高作为基础底面基准标高。当基础底面标高不同时,需注明与基础底面基准标高不同之处的范围和标高。

(3)通过选注基础梁底面与基础平板底面的标高高差来表达两者间的位置关系,可以明确其"高板位"(梁顶与板顶一平)、"低板位"(梁底与板底一平)以及"中板位"(板在梁的中部)三种不同位置组合的筏形基础,方便设计表达。

(4)对于轴线未居中的基础梁,应标注其定位尺寸。

2. 梁板式筏形基础构件的类型与编号

梁板式筏形基础由基础主梁、基础次梁、基础平板等构成,编号应符合表 2-7 的规定。

表 2-7　梁板式筏形基础构件编号

构件类型	代号	序号	跨数及有无外伸
基础主梁(柱下)	JL	××	(×××)或(××A)或(××B)
基础次梁	JCL	××	(×××)或(××A)或(××B)
梁板筏基础平板	LPB	××	

注:①(××A)为一端有外伸,(××B)为两端有外伸,外伸不计入跨数。②梁板式筏形基础平板跨数及是否有外伸,分别在 X、Y 两向的贯通纵筋之后表达。图面从左至右为 X 向,从下至上为 Y 向。③梁板式筏形基础主梁与条形基础梁编号与标准构造详图一致。

3. 基础主梁与基础次梁的平面注写方式

(1)基础主梁 JL 与基础次梁 JCL 的平面注写方式,分集中标注与原位标注两部分内容。当集中标注中的某项数值不适用于梁的某部位时,则将该项数值采用原位标注,施工时,原位标注优先。

(2)基础主梁 JL 与基础次梁 JCL 的集中标注内容包括基础梁编号、截面尺寸、配筋三项必注内容,以及基础梁底面标高高差(相对于筏形基础平板底面标高)一项选注内容。具体规定如下。

1)注写基础梁的编号,见表 2-7。

2)注写基础梁的截面尺寸。以 $b \times h$ 表示梁截面宽度与高度;当为竖向加腋梁时,用 $b \times h$ $Yc_1 \times c_2$ 表示,其中 c_1 为腋长,c_2 为腋高。

3)注写基础梁的配筋。

①注写基础梁箍筋。

a. 当采用一种箍筋间距时,注写钢筋级别、直径、间距与肢数(写在括号内)。

b. 当采用两种箍筋时,用"/"分隔不同箍筋,按照从基础梁两端向跨中的顺序注写。先注写第 1 段箍筋(在前面加注箍数),在斜线后再注写第 2 段箍筋(不再加注箍数)。

施工时应注意:两向基础主梁相交的柱下区域,应有一向截面较高的基础主梁箍筋贯通设置;当两向基础主梁高度相同时,任选一向基础主梁箍筋贯通设置。

②注写基础梁的底部、顶部及侧面纵向钢筋。

a. 以"B"打头,先注写梁底部贯通纵筋(不应少于底部受力钢筋总截面面积的 1/3)。当跨中所注根数少于箍筋肢数时,需要在跨中加设架立筋以固定箍筋,注写时,用加号"+"将贯通纵筋与架立筋相联,架立筋注写在加号后面的括号内。

b. 以"T"打头,注写梁顶部贯通纵筋值。注写时用分号";"将底部与顶部纵筋分隔开,若有个别跨与其不同,按下述第(3)条原位注写的规定处理。

c. 当梁底部或顶部贯通纵筋多于一排时,用斜线"/"将各排纵筋自上而下分开。

d. 以大写字母"G"打头注写基础梁两侧面对称设置的纵向构造钢筋的总配筋值(当梁腹板高度 h_w 不小于 450mm 时根据需要配置)。当需要配置抗扭纵向钢筋时,梁两个侧面设置的抗扭纵向钢筋以"N"打头。

4)注写基础梁底面标高高差(是指相对于筏形基础平板底面标高的高差值),该项为选注值。有高差时需将高差写入括号内(例如"高板位"与"中板位"基础梁的底面与基础平板底面标高的高差值),无高差时不注(例如"低板位"筏形基础的基础梁)。

(3)基础主梁与基础次梁的原位标注规定如下。

1)梁支座的底部纵筋,指包含贯通纵筋与非贯通纵筋在内的所有纵筋:

①当底部纵筋多于一排时,用"/"将各排纵筋自上而下分开。

②当同排纵筋有两种直径时,用加号"+"将两种直径的纵筋相联。

③当梁中间支座两边的底部纵筋配置不同时,需在支座两边分别标注;当梁中间支座两边的底部纵筋相同时,可仅在支座的一边标注配筋值。

④当梁端(支座)区域的底部全部纵筋与集中注写过的贯通纵筋相同时,可不再重复做原位标注。

⑤竖向加腋梁加腋部位钢筋,需在设置加腋的支座处以"Y"打头注写在括号内。

设计时应注意：当对底部一平的梁支座两边的底部非贯通纵筋采用不同配筋值时，应先按较小一边的配筋值选配相同直径的纵筋贯穿支座，再将较大一边的配筋差值选配适当直径的钢筋锚入支座，避免造成两边大部分钢筋直径不相同的不合理配置结果。

施工及预算方面应注意：当底部贯通纵筋经原位修正注写后，两种不同配置的底部贯通纵筋应在两毗邻跨中配置较小一跨的跨中连接区域连接（即配置较大一跨的底部贯通纵筋需越过其跨数终点或起点伸至毗邻跨的跨中连接区域）。

2）注写基础梁的附加箍筋或（反扣）吊筋。将其直接画在平面图中的主梁上，用线引注总配筋值（附加箍筋的肢数注在括号内），当多数附加箍筋或（反扣）吊筋相同时，可在基础梁平法施工图上统一注明，少数与统一注明值不同时，再原位引注。

施工时应注意：附加箍筋或（反扣）吊筋的几何尺寸应按照标准构造详图，结合其所在位置的主梁和次梁的截面尺寸确定。

3）当基础梁外伸部位为变截面高度时，在该部位原位注写 $b \times h_1/h_2$，h_1 为根部截面高度，h_2 为尽端截面高度。

4）注写修正内容。当在基础梁上集中标注的某项内容（如梁截面尺寸、箍筋、底部与顶部贯通纵筋或架立筋、梁侧面纵向构造钢筋、梁底面标高高差等）不适用于某跨或某外伸部分时，则将其修正内容原位标注在该跨或该外伸部位，施工时原位标注取值优先。

当在多跨基础梁的集中标注中已注明竖向加腋，而该梁某跨根部不需要竖向加腋时，则应在该跨原位标注等截面的 $b \times h$，以修正集中标注中的加腋信息。

（4）按以上各项规定的组合表达方式，详见 16G101-3 图集第 36 页基础主梁与基础次梁标注图示。

4. 基础梁底部非贯通纵筋的长度规定

（1）为方便施工，凡基础主梁柱下区域和基础次梁支座区域底部非贯通纵筋的伸出长度 a_0 值，当配置不多于两排时，在标准构造详图中统一取值为自支座边向跨内伸出至 $l_n/3$ 位置；当非贯通纵筋配置多于两排时，从第三排起向跨内的伸出长度值应由设计者注明。l_n 的取值规定为：边跨边支座的底部非贯通纵筋，l_n 取本边跨的净跨长度值；中间支座的底部非贯通纵筋，l_n 取支座两边较大一跨的净跨长度值。

（2）基础主梁与基础次梁外伸部位底部纵筋的伸出长度 a_0 值，在标准构造详图中统一取值为：第一排伸出至梁端头后，全部上弯 $12d$ 或 $15d$，其他排伸至梁端头后截断。

（3）设计者在执行第（1）、（2）条基础梁底部非贯通纵筋伸出长度的统一取值规定时，应注意按《混凝土结构设计规范》（GB 50010—2010）、《建筑地基基础设计规范》（GB 50007—2011）和《高层建筑混凝土结构技术规程》（JGJ 3—2010）的相关规定进行校核，若不满足时应另行变更。

5. 梁板式筏形基础平板的平面注写方式

梁板式筏形基础平板 LPB 的平面注写，分为集中标注与原位标注两部分内容。

（1）梁板式筏形基础平板 LPB 贯通纵筋的集中标注，应在所表达的板区双向均为第一跨（X 与 Y 双向首跨）的板上引出（图面从左至右为 X 向，从下至上为 Y 向）。

板区划分条件：板厚相同、基础平板底部与顶部贯通纵筋配置相同的区域为同一板区。

集中标注的内容规定如下：

1）注写基础平板的编号见表 2-7。

2)注写基础平板的截面尺寸。注写 $h=\times\times\times$ 表示板厚。

3)注写基础平板的底部与顶部贯通纵筋及其跨数及外伸情况。先注写 X 向底部("B"打头)贯通纵筋与顶部("T"打头)贯通纵筋及纵向长度范围;再注写 Y 向底部("B"打头)贯通纵筋与顶部("T"打头)贯通纵筋及其跨数及外伸情况(图面从左至右为 X 向,从下至上为 Y 向)。

贯通纵筋的跨数及外伸情况注写在括号中,注写方式为"跨数及有无外伸",其表达形式为:($\times\times$)(无外伸)、($\times\times$A)(一端有外伸)或($\times\times$B)(两端有外伸)。

注:基础平板的跨数以构成柱网的主轴线为准;两主轴线之间无论有几道辅助轴线(例如框筒结构中混凝土内筒中的多道墙体),均可按一跨考虑。

当贯通筋采用两种规格钢筋"隔一布一"方式时,表达为 $\phi xx/yy@\times\times\times$,表示直径 $\times\times$ 的钢筋和直径 yy 的钢筋之间的间距为 $\times\times\times$,直径为 xx 的钢筋、直径为 yy 的钢筋间距分别为 $\times\times\times$ 的 2 倍。

施工及预算方面应注意:当基础平板分板区进行集中标注,并且相邻板区板底一平时,两种不同配置的底部贯通纵筋应在两毗邻板跨中配筋较小板跨的跨中连接区域连接(即配置较大板跨的底部贯通纵筋需越过板区分界线伸至毗邻板跨的跨中连接区域)。

(2)梁板式筏形基础平板 LPB 的原位标注,主要表达板底部附加非贯通纵筋。

1)原位注写位置及内容。板底部原位标注的附加非贯通纵筋,应在配置相同跨的第一跨表达(当在基础梁悬挑部位单独配置时则在原位表达)。在配置相同跨的第一跨(或基础梁外伸部位),垂直于基础梁绘制一段中粗虚线(当该筋通长设置在外伸部位或短跨板下部时,应画至对边或贯通短跨),在虚线上注写编号(例如①、②等)、配筋值、横向布置的跨数及是否布置到外伸部位。

注:($\times\times$)为横向布置的跨数,($\times\times$A)为横向布置的跨数及一端基础梁的外伸部位,($\times\times$B)为横向布置的跨数及两端基础梁外伸部位。

板底部附加非贯通纵筋自支座中线向两边跨内的伸出长度值注写在线段的下方位置。当该筋向两侧对称伸出时,可仅在一侧标注,另一侧不注;当布置在边梁下时,向基础平板外伸部位一侧的伸出长度与方式按标准构造,设计不注。底部附加非贯通筋相同者,可仅注写一处,其他只注写编号。

横向连续布置的跨数及是否布置到外伸部位,不受集中标注贯通纵筋的板区限制。

原位注写的底部附加非贯通纵筋与集中标注的底部贯通钢筋,宜采用"隔一布一"的方式布置,即基础平板(X 向或 Y 向)底部附加非贯通纵筋与贯通纵筋间隔布置,其标注间距与底部贯通纵筋相同(两者实际组合后的间距为各自标注间距的1/2)。

2)注写修正内容。当集中标注的某些内容不适用于梁板式筏形基础平板某板区的某一板跨时,应由设计者在该板跨内注明,施工时应按注明内容取用。

3)当若干基础梁下基础平板的底部附加非贯通纵筋配置相同时(其底部、顶部的贯通纵筋可以不同),可仅在一根基础梁下做原位注写,并在其他梁上注明"该梁下基础平板底部附加非贯通纵筋同$\times\times$基础梁"。

(3)梁板式筏形基础平板 LPB 的平面注写规定,同样适用于钢筋混凝土墙下的基础平板。

按以上主要分项规定的组合表达方式,详见 16G101-3 图集第 37 页"梁板式筏形基础平板 LPB 标注图示"。

6. 其他

(1)与梁板式筏形基础相关的后浇带、下柱墩、基坑(沟)等构造的平法施工图设计,详见 16G101-3 图集第 7 章的相关规定。

(2)应在图中注明的其他内容:

1)当在基础平板周边沿侧面设置纵向构造钢筋时,应在图中注明。

2)应注明基础平板外伸为部位的封边方式,当采用 U 形钢筋封边时应注明其规格、直径及间距。

3)当基础平板外伸为变截面高度时,应注明外伸部位的 h_1/h_2,h_1 为板根部截面高度,h_2 为板尽端截面高度。

4)当基础平板厚度大于 2m 时,应注明具体构造要求。

5)当在基础平板外伸阳角部位设置放射筋时,应注明放射筋的强度等级、直径、根数以及设置方式等。

6)板的上、下部纵筋之间设置拉筋时,应注明拉筋的强度等级、直径、双向间距等。

7)应注明混凝土垫层厚度与强度等级。

8)结合基础主梁交叉纵筋的上下关系,当基础平板同一层面的纵筋相交叉时,应注明何向纵筋在下、何向纵筋在上。

9)设计需注明的其他内容。

四、平板式筏形基础平法施工图制图规则

1. 平板式筏形基础平法施工图的表示方法

(1)平板式筏形基础平法施工图是在基础平面布置图上采用平面注写方式表达。

(2)当绘制基础平面布置图时,应将平板式筏形基础与其所支承的柱、墙一起绘制。当基础底面标高不同时,需注明与基础底面基准标高不同之处的范围和标高。

2. 平板式筏形基础构件的类型与编号

平板式筏形基础的平面注写表达方式有两种。一是划分为柱下板带和跨中板带进行表达;二是按基础平板进行表达。平板式筏形基础构件编号应符合表 2-8 的规定。

表 2-8　平板式筏形基础构件编号

构件类型	代号	序号	跨数及有无外伸
柱下板带	ZXB	××	(××)或(××A)或(××B)
跨中板带	KZB	××	(××)或(××A)或(××B)
平板筏基础平板	BPB	××	(××)或(××A)或(××B)

注:①(××A)为一端有外伸,(××B)为两端有外伸,外伸不计入跨数。②平板式筏形基础平板,其跨数及是否有外伸分别在 X、Y 两向的贯通纵筋之后表达。图面从左至右为 X 向,从下至上为 Y 向。

3. 柱下板带、跨中板带的平面注写方式

(1)柱下板带 ZXB(视其为无箍筋的宽扁梁)与跨中板带 KZB 的平面注写,分集中标注与原位标注两部分内容。

(2)柱下板带与跨中板带的集中标注,应在第一跨(X 向为左端跨,Y 向为下端跨)引出。具体规定如下。

1)注写编号见表2-8。

2)注写截面尺寸,注写$b=\times\times\times\times$表示板带宽度(在图注中注明基础平板厚度)。确定柱下板带宽度应根据规范要求与结构实际受力需要。当柱下板带宽度确定后,跨中板带宽度亦随之确定(即相邻两平行柱下板带之间的距离)。当柱下板带中心线偏离柱中心线时,应在平面图上标注其定位尺寸。

3)注写底部与顶部贯通纵筋。注写底部贯通纵筋("B"打头)与顶部贯通纵筋("T"打头)的规格与间距,用分号";"将其分隔开。柱下板带的柱下区域,通常在其底部贯通纵筋的间隔内插空设有(原位注写的)底部附加非贯通纵筋。

施工及预算方面应注意:当柱下板带的底部贯通纵筋配置从某跨开始改变时,两种不同配置的底部贯通纵筋应在两毗邻跨中配置较小跨的跨中连接区域连接(即配置较大跨的底部贯通纵筋需越过其跨数终点或起点伸至毗邻跨的跨中连接区域)。

(3)柱下板带与跨中板带原位标注的内容,主要为底部附加非贯通纵筋。具体规定如下。

1)注写内容:以一段与板带同向的中粗虚线代表附加非贯通纵筋;柱下板带:贯穿其柱下区域绘制;跨中板带:横贯柱中线绘制。在虚线上注写底部附加非贯通纵筋的编号(例如①、②等)、钢筋级别、直径、间距,以及自柱中线分别向两侧跨内的伸出长度值。当向两侧对称伸出时,长度值可仅在一侧标注,另一侧不注。外伸部位的伸出长度与方式按标准构造,设计不注。对同一板带中底部附加非贯通筋相同者,可仅在一根钢筋上注写,其他可仅在中粗虚线上注写编号。

原位注写的底部附加非贯通纵筋与集中标注的底部贯通纵筋,宜采用"隔一布一"的方式布置,即柱下板带或跨中板带底部附加非贯通纵筋与贯通纵筋交错插空布置,其标注间距与底部贯通纵筋相同(两者实际组合后的间距为各自标注间距的1/2)。

当跨中板带在轴线区域不设置底部附加非贯通纵筋时,则不做原位注写。

2)注写修正内容。当在柱下板带、跨中板带上集中标注的某些内容(例如截面尺寸、底部与顶部贯通纵筋等)不适用于某跨或某外伸部分时,则将修正的数值原位标注在该跨或该外伸部位,施工时原位标注取值优先。

设计时应注意:对于支座两边不同配筋值的(经注写修正的)底部贯通纵筋,应按较小一边的配筋值选配相同直径的纵筋贯穿支座,较大一边的配筋差值选配适当直径的钢筋锚入支座,避免造成两边大部分钢筋直径不相同的不合理配置结果。

(4)柱下板带 ZXB 与跨中板带 KZB 的注写规定,同样适用于平板式筏形基础上局部有剪力墙的情况。

(5)按以上各项规定的组合表达方式,详见 16G101-3 图集第 42 页"柱下板带 ZXB 与跨中板带 KZB 标注图示"。

4. 平板式筏形基础平板 BPB 的平面注写方式

(1)平板式筏形基础平板 BPB 的平面注写,分为集中标注与原位标注两部分内容。

基础平板 BPB 的平面注写与柱下板带 ZXB、跨中板带 KZB 的平面注写虽是不同的表达方式,但是可以表达同样的内容。当整片板式筏形基础配筋比较规律时,宜采用 BPB 表达方式。

(2)平板式筏形基础平板 BPB 的集中标注,除按表 2-8 注写编号外,所有规定均与

"一、梁板式筏形基础平法施工图制图规则"中"5.第(2)条"相同。

当某向底部贯通纵筋或顶部贯通纵筋的配置,在跨内有两种不同间距时,先注写跨内两端的第一种间距,并在前面加注纵筋根数(以表示其分布的范围);再注写跨中部的第二种间距(不需加注根数);两者用"/"分隔。

(3)平板式筏形基础平板 BPB 的原位标注,主要表达横跨柱中心线下的底部附加非贯通纵筋。注写规定如下:

1)原位注写位置及内容。在配置相同的若干跨的第一跨,垂直于柱中线绘制一段中粗虚线代表底部附加非贯通纵筋,在虚线上的注写内容与"三、梁板式筏形基础平法施工图制图规则"中相同。

当柱中心线下的底部附加非贯通纵筋(与柱中心线正交)沿柱中心线连续若干跨配置相同时,则在该连续跨的第一跨下原位注写,且将同规格配筋连续布置的跨数注在括号内;当有些跨配置不同时,则应分别原位注写。外伸部位的底部附加非贯通纵筋应单独注写(当与跨内某筋相同时仅注写钢筋编号)。

当底部附加非贯通纵筋横向布置在跨内有两种不同间距的底部贯通纵筋区域时,其间距应分别对应为两种,其注写形式应与贯通纵筋保持一致,即先注写跨内两端的第一种间距,并在前面加注纵筋根数;再注写跨中部的第二种间距(不需加注根数);两者用"/"分隔。

2)当某些柱中心线下的基础平板底部附加非贯通纵筋横向配置相同时(其底部、顶部的贯通纵筋可以不同),可仅在一条中心线下做原位注写,并在其他柱中心线上注明"该柱中心线下基础平板底部附加非贯通纵筋同××柱中心线"。

(4)平板式筏形基础平板 BPB 的平面注写规定,同样适用于平板式筏形基础上局部有剪力墙的情况。

按以上各项规定的组合表达方式,详见 16G101-3 图集第 43 页"平板式筏形基础平板 BPB 标注图示"。

5. 其他

(1)与平板式筏形基础相关的后浇带、上柱墩、下柱墩、基坑(沟)等构造的平法施工图设计,详见 11G101-3 图集第 7 章的相关规定。

(2)平板式筏形基础应在图中注明的其他内容如下:

1)注明板厚。当整片平板式筏形基础有不同板厚时,应分别注明各板厚值及其各自的分布范围。

2)当在基础平板周边沿侧面设置纵向构造钢筋时,应在图注中注明。

3)应注明基础平板外伸部位的封边方式,当采用 U 形钢筋封边时,应注明其规格、直径及间距。

4)当基础平板厚度大于 2m 时,应注明设置在基础平板中部的水平构造钢筋网。

5)当在基础平板外伸阳角部位设置放射筋时,应注明放射筋的强度等级、直径、根数以及设置方式等。

6)极的上、下部纵筋之间设置拉筋时,应注明拉筋的强度等级、直径、双向间距等。

7)应注明混凝土垫层厚度与强度等级。

8)当基础平板同一层面的纵筋相交叉时,应注明何向纵筋在下、何向纵筋在上。

9)设计需注明的其他内容。

五、桩基础平法施工图制图规则

1. 灌注桩平法施工图的表示方法

(1)灌注桩平法施工图系在灌注桩平面布置图上采用列表注写方式或平面注写方式进行表达。

(2)灌注桩平面布置图,可采用适当比例单独绘制,并标注其定位尺寸。

2. 列表注写方式

(1)列表注写方式,系在灌注桩平面布置图上,分别标注定位尺寸;在桩表中注写桩编号、桩尺寸、纵筋、螺旋箍筋、桩顶标高、单桩竖向承载力特征值。

(2)桩表注写内容规定如下:

1)注写桩编号,桩编号由类型和序号组成,应符合表 2-9 的规定。

表 2-9　桩编号

类　型	代　号	序　号
灌注桩	GZH	××
扩底灌注桩	GZH_K	××

2)注写桩尺寸,包括桩径 D×桩长 L,当为扩底灌注桩时,还应在括号内注写扩底端尺寸 $D_0/h_b/h_c$ 或 $D_0/h_b/h_{c1}/h_{c2}$。其中 D_0 表示扩底端直径,h_b 表示扩底端锅底形矢高,h_c 表示扩底端高度,如图 2-27 所示。

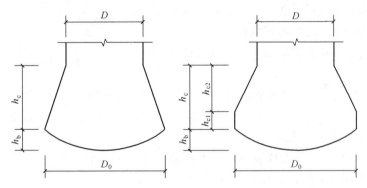

图 2-27　扩底灌注桩扩底端示意

3)注写桩纵筋,包括桩圆均布的纵筋根数、钢筋强度级别、从桩顶起算的纵筋配置长度。

①通长等截面配筋:注写全部纵筋如××⊕××。

②部分长度配筋:注写桩纵筋如××⊕××/L1,其中 L1 表示从桩顶起算的入桩长度。

③通长变截面配筋:注写桩纵筋包括通长纵筋××⊕××;非通长纵筋××⊕××/L1,其中 L1 表示从桩顶起算的入桩长度。通长纵筋与非通长纵筋沿桩周间隔均匀布置。

4)以大写字母 L 打头,注写桩螺旋箍筋,包括钢筋强度级别、直径与间距。

①用斜线"/"区分桩顶箍筋加密区与桩身箍筋非加密区长度范围内箍筋的间距。《16G101-3》中箍筋加密区为桩顶以下 5D(D 为桩身直径),若与实际工程情况不同,需设计者在图中注明。

②当桩身位于液化土层范围内时,箍筋加密区长度应由设计者根据具体工程情况注明,或者箍筋全长加密。

5）注写桩顶标高。

6）注写单桩竖向承载力特征值。

设计时应注意：当考虑箍筋受力作用时，箍筋配置应符合《混凝土结构设计规范》（GB 50010—2010）的有关规定，并另行注明。

设计未注明时，《16G101-3》规定：当钢筋笼长度超过 4m 时，应每隔 2m 设一道直径 12mm 焊接加劲箍；焊接加劲箍亦可由设计另行注明。桩顶进入承台高度 h，桩径<800mm 时取 50mm，桩径≥800mm 时取 100mm。

（3）灌注桩列表注写的格式见表 2-10 灌注桩表。

表 2-10　灌注桩表

桩号	桩径 $D\times$桩长 L/(mm×m)	通长等截面配筋 全部纵筋	箍筋	桩顶标高/m	单桩竖向承载力 特征值/kN
GZH1	80×16.700	10Φ18	LΦ8@100/200	−3.400	2400

注：表中可根据实际情况增加栏目。例如：当采用扩底灌注桩时，增加扩底端尺寸。

3. 平面注写方式

平面注写方式的规则同列表注写方式，将表格中内容除单桩竖向承载力特征值以外集中标注在灌注桩上，见图 2-28。

4. 桩基承台平法施工图的表示方法

（1）桩基承台平法施工图，有平面注写与截面注写两种表达方式，设计者可根据具体工程情况选择一种，或将两种方式相结合进行桩基承台施工图设计。

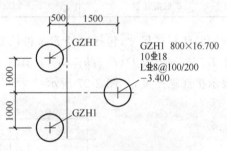

图 2-28　灌注桩平面注写

（2）当绘制桩基承台平面布置图时，应将承台下的桩位和承台所支承的柱、墙一起绘制。当设置基础联系梁时，可根据图面的疏密情况，将基础联系梁与基础平面布置图一起绘制，或将基础联系梁布置图单独绘制。

（3）当桩基承台的柱中心线或墙中心线与建筑定位轴线不重合时，应标注其定位尺寸；编号相同的桩基承台，可仅选择一个进行标注。

5. 桩基承台编号

桩基承台分为独立承台和承台梁，分别按表 2-11 和表 2-12 的规定编号。

表 2-11　独立承台编号

类型	独立承台截面形状	代号	序号	说明
独立承台	阶形	CT_J	××	单阶截面即为平板式 独立承台
	坡形	CT_P	××	

注：杯口独立承台代号可为 BCT_J 和 BCT_P，设计注写方式可参照杯口独立基础，施工详图应由设计者提供。

表 2-12　承台梁编号

类型	代号	序号	跨数及有无外伸
承台梁	CTL	××	（××）端部无外伸 （××A）一端有外伸 （××B）两端有外伸

6. 独立承台的平面注写方式

(1)独立承台的平面注写方式,分为集中标注和原位标注两部分内容。

(2)独立承台的集中标注,系在承台平面上集中引注:独立承台编号、截面竖向尺寸、配筋三项必注内容,以及承台板底面标高(与承台底面基准标高不同时)和必要的文字注解两项选注内容。具体规定如下:

1)注写独立承台编号(必注内容)见表 2-11。独立承台的截面形式通常有两种:阶形截面,编号加下标"J",如 $CT_J \times \times$;坡形截面,编号加下标"P",如 $CT_P \times \times$。

2)注写独立承台截面竖向尺寸(必注内容)。即注写 $h_1/h_2/\cdots\cdots$具体标注为:

①当独立承台为阶形截面时,见图 2-29 和图 2-30。图 2-29 为两阶,当为多阶时各阶尺寸自下而上用"/"分隔顺写。当阶形截面独立承台为单阶时,截面竖向尺寸仅为一个,且为独立承台总高度,见图 2-30。

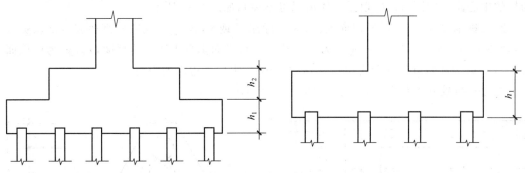

图 2-29　阶形截面独立承台竖向尺寸　　　　图 2-30　单阶截面独立承台竖向尺寸

②当独立承台为坡形截面时,截面竖向尺寸注写为 h_1/h_2,见图 2-31。

3)注写独立承台配筋(必注内容)。底部与顶部双向配筋应分别注写,顶部配筋仅用于双柱或四柱等独立承台。当独立承台顶部无配筋时则不注顶部。注写规定如下:

①以"B"打头注写底部配筋,以"T"打头注写顶部配筋。

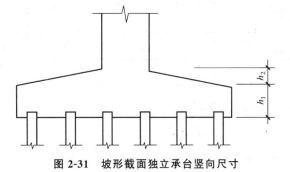

图 2-31　坡形截面独立承台竖向尺寸

②矩形承台 X 向配筋以"X"打头,Y 向配筋以"Y"打头;当两向配筋相同时,则以"X&Y"打头。

③当为等边三桩承台时,以"△"打头,注写三角布置的各边受力钢筋(注明根数并在配筋值后注写"×3"),在"/"后注写分布钢筋,不设分布钢筋时可不注写。

④当为等腰三桩承台时,以"△"打头注写等腰三角形底边的受力钢筋＋两对称斜边的受力钢筋(注明根数并在两对称配筋值后注写"×2"),在"/"后注写分布钢筋,不设分布钢筋时可不注写。

⑤当为多边形(五边形或六边形)承台或异形独立承台,且采用 X 向和 Y 向正交配筋时,注写方式与矩形独立承台相同。

⑥两桩承台可按承台梁进行标注。

设计和施工时应注意:三桩承台的底部受力钢筋应按三向板带均匀布置,且最里面的三根钢筋围成的三角形应在柱截面范围内。

4)注写基础底面标高(选注内容)。当独立承台的底面标高与桩基承台底面基准标高不同时,应将独立承台底面标高注写在括号内。

5)必要的文字注解(选注内容)。当独立承台的设计有特殊要求时,宜增加必要的文字注解。

(3)独立承台的原位标注,系在桩基承台平面布置图上标注独立承台的平面尺寸,相同编号的独立承台,可仅选择一个进行标注,其他仅注编号。注写规定如下:

1)矩形独立承台:原位标注 x、y、x_c、y_c(或圆柱直径 d_c),x_i、y_i、a_i、b_i,$i=1,2,3$……其中,x、y 为独立承台两向边长,x_c、y_c 为柱截面尺寸,x_i、y_i 为阶宽或坡形平面尺寸,a_i、b_i 为桩的中心距及边距(a_i、b_i 根据具体情况可不注),如图 2-32 所示。

2)三桩承台。结合 X、Y 双向定位,原位标注 x 或 y,x_c、y_c(或圆柱直径 d_c),x_i、y_i,$i=1,2,3$……以及 a。其中,x 或 y 为三桩独立承台平面垂直于底边的高度,x_c、y_c 为柱截面尺寸,x_i、y_i 为承台分尺寸和定位尺寸,a 为桩中心距切角边缘的距离。

等边三桩独立承台平面原位标注如图 2-33 所示。

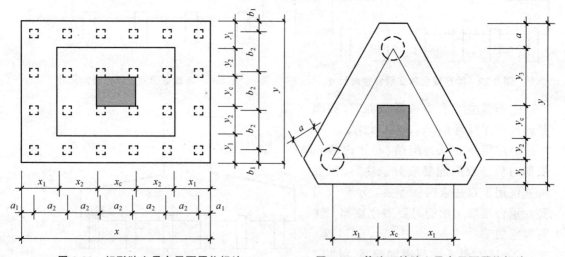

图 2-32　矩形独立承台平面原位标注　　　　　图 2-33　等边三桩独立承台平面原位标注

等腰三桩独立承台平面原位标注如图 2-34 所示。

3)多边形独立承台。结合 X、Y 双向定位,原位标注 x 或 y,x_c、y_c(或圆柱直径 d_c),x_i、y_i、a_i,$i=1,2,3$……具体设计时,可参照矩形独立承台或三桩独立承台的原位标注规定。

7. 承台梁的平面注写方式

(1)承台梁 CTL 的平面注写方式分集中标注和原位标注两部分内容。

(2)承台梁的集中标注内容为:承台梁编号、截面尺寸、配筋三项必注内容,以及承台梁底面标高(与承台底面基准标高不同时)、必要的文字注解两项选注内容。具体规定如下。

1)注写承台梁编号(必注内容),见表 2-12。

2)注写承台梁截面尺寸(必注内容)。即注写 $b×h$,表示梁截面宽度与高度。

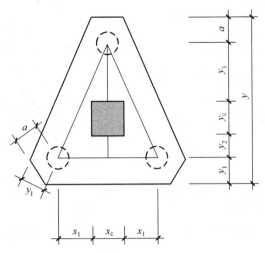

图 2-34　等腰三桩独立承台平面原位标注

3)注写承台梁配筋(必注内容)。

①注写承台梁箍筋。

a. 当具体设计仅采用一种箍筋间距时,注写钢筋级别、直径、间距与肢数(箍筋肢数写在括号内,下同)。

b. 当具体设计采用两种箍筋间距时,用"/"分隔不同箍筋的间距。此时,设计应指定其中一种箍筋间距的布置范围。

施工时应注意:在两向承台梁相交位置,应有一向截面较高的承台梁箍筋贯通设置;当两向承台梁等高时,可任选一向承台梁的箍筋贯通设置。

②注写承台梁底部、顶部及侧面纵向钢筋。

a. 以"B"打头,注写承台梁底部贯通纵筋。

b. 以"T"打头,注写承台梁顶部贯通纵筋。

c. 当梁底部或顶部贯通纵筋多于一排时,用"/"将各排纵筋自上而下分开。

d. 以大写字母 G 打头注写承台梁侧面对称设置的纵向构造钢筋的总配筋值(当梁腹板高度 $h_w \geqslant 450\text{mm}$ 时,根据需要配置)。

4)注写承台梁底面标高(选注内容)。当承台梁底面标高与桩基承台底面基准标高不同时,将承台梁底面标高注写在括号内。

5)必要的文字注解(选注内容)。当承台梁的设计有特殊要求时,宜增加必要的文字注解。

(3)承台梁的原位标注规定如下。

1)原位标注承台梁的附加箍筋或(反扣)吊筋。当需要设置附加箍筋或(反扣)吊筋时,将附加箍筋或(反扣)吊筋直接画在平面图中的承台梁上,原位直接引注总配筋值(附加箍筋的肢数注在括号内)。当多数梁的附加箍筋或(反扣)吊筋相同时,可在桩基承台平法施工图上统一注明,少数与统一标注值不同时,再原位直接引注。

施工时应注意:附加箍筋或(反扣)吊筋的几何尺寸如图 2-35、图 2-36 所示,结合其所在位置的主梁和次梁的截面尺寸而定。

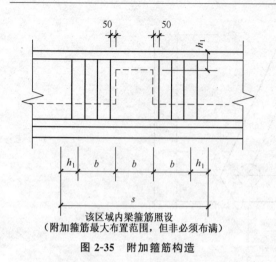

该区域内梁箍筋照设
（附加箍筋最大布置范围，但非必须布满）

图 2-35　附加箍筋构造

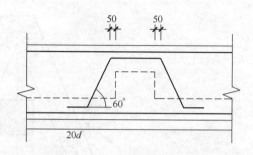

图 2-36　附加（反扣）吊筋构造
（吊筋高度应根据基础梁高度推算，吊筋顶部
平直段与基础梁顶部纵筋净跨应满足
规范要求，当净跨不足时应置于下一排）

2）原位注写修正内容。当在承台梁上集中标注的某项内容（如截面尺寸、箍筋、底部与顶部贯通纵筋或架立筋、梁侧面纵向构造钢筋、梁底面标高等）不适用于某跨或某外伸部位时，将其修正内容原位标注在该跨或该外伸部位，施工时原位标注取值优先。

8. 桩基承台的截面注写方式

（1）桩基承台的截面注写方式，可分为截面标注和列表注写（结合截面示意图）两种表达方式。采用截面注写方式，应在桩基平面布置图上对所有桩基进行编号，见表 2-11 和表 2-12。

（2）桩基承台的截面注写方式，可参照独立基础及条形基础的截面注写方式，进行设计施工图的表达。

第四节　主体构件施工图制图规则

一、框架柱施工图制图规则

1. 柱平法施工图的表示方法

（1）柱平法施工图系在柱平面布置图上采用列表注写方式或截面注写方式表达。

（2）柱平面布置图，可采用适当比例单独绘制，也可与剪力墙平面布置图合并绘制。

（3）在柱平法施工图中，应按以下规定注明各结构层的楼面标高、结构层高及相应的结构层号，尚应注明上部结构嵌固部位位置：按平法设计绘制结构施工图时，应当用表格或其他方式注明各结构层的楼面标高、结构层高及相应的结构层号，尚应注明上部结构嵌固部位位置。

（4）上部结构嵌固部位的注写

1）框架柱嵌固部位在基础顶面上，无需注明。

2）框架柱嵌固部位不在基础顶面时，在层高表嵌固部位标高下使用双细线注明，并在层高表下注明上部结构嵌固部位标高。

3）框架柱嵌固部位不在地下室顶板，但仍需考虑地下室顶板对上部结构实际存在嵌固作用时，可在层高表地下室顶板标高下使用双虚线注明，此时首层柱端箍筋加密区长度范围及纵筋连接位置均按嵌固部位要求设置。

2. 列表注写方式

(1)列表注写方式,系在柱平面布置图上(一般只需采用适当比例绘制一张柱平面布置图,包括框架柱、框支柱、梁上柱和剪力墙上柱),分别在同一编号的柱中选择一个(有时需要选择几个)截面标注几何参数代号;在柱表中注写柱编号、柱段起止标高、几何尺寸(含柱截面对轴线的偏心情况)与配筋的具体数值,并配以各种柱截面形状及其箍筋类型图的方式,来表达柱平法施工图。

(2)柱表注写内容规定如下:

1)注写柱编号。柱编号由类型代号和序号组成,应符合表 2-13 的规定。

表 2-13 柱编号

柱类型	代号	序号
框架柱	KZ	××
转换柱	ZHZ	××
芯柱	XZ	××
梁上柱	LZ	××
剪力墙上柱	QZ	××

注:编号时,当柱的总高、分段截面尺寸和配筋均对应相同,仅截面与轴线的关系不同时,仍可将其编为同一柱号,但应在图中注明截面与轴线的关系。

2)注写柱段起止标高,自柱根部往上以变截面位置或截面未变但配筋改变处为界分段注写。框架柱和转换柱的根部标高系指基础顶面标高;芯柱的根部标高系指根据结构实际需要而定的起始位置标高;梁上柱的根部标高系指梁顶面标高;剪力墙上柱的根部标高为墙顶面标高。

剪力墙上柱 QZ 包括"柱纵筋锚固在墙顶部"、"柱与墙重叠一层"两种构造做法,设计人员应注明选用哪种做法。当选用"柱纵筋锚固在墙顶部"做法时,剪力墙平面外方向应设梁。

3)对于矩形柱,注写柱截面尺寸用 $b×h$ 及与轴线关系的几何参数代号 b_1、b_2 和 h_1、h_2 的具体数值,需对应于各段柱分别注写。其中 $b=b_1+b_2$,$h=h_1+h_2$。当截面的某一边收缩变化至与轴线重合或偏到轴线的另一侧时,b_1、b_2、h_1、h_2 中的某项为零或为负值。

对于圆柱,表中 $b×h$ 一栏改用在圆柱直径数字前加 d 表示。为表达简单,圆柱截面与轴线的关系也用 b_1、b_2 和 h_1、h_2 表示,并使 $d=b_1+b_2=h_1+h_2$。

对于芯柱,根据结构需要,可以在某些框架柱的一定高度范围内,在其内部的中心位置设置(分别引注其柱编号)。芯柱中心应与柱中心重合,并标注其截面尺寸,按本书钢筋构造详图施工;当设计者采用与本构造详图不同的做法时,应另行注明。芯柱定位随框架柱,不需要注写其与轴线的几何关系。

4)注写柱纵筋。当柱纵筋直径相同,各边根数也相同时(包括矩形柱、圆柱和芯柱),可将纵筋注写在"全部纵筋"一栏中;除此之外,柱纵筋分角筋、截面 b 边中部筋和 h 边中部筋三项分别注写(对于采用对称配筋的矩形截面柱,可仅注写一侧中部筋,对称边省略不注;对于采用非对称配筋的矩形截面柱,必须每侧均注写中部筋)。

5)注写箍筋类型号及箍筋肢数,在箍筋类型栏内注写按"3)"规定的箍筋类型号与肢数。

6)注写柱箍筋,包括箍筋级别、直径与间距。

用斜线"/"区分柱端箍筋加密区与柱身非加密区长度范围内箍筋的不同间距。施工人员需根据标准构造详图的规定,在规定的几种长度值中取其最大者作为加密区长度。当框架节点核心区内箍筋与柱端箍筋设置不同时,应在括号中注明核心区箍筋直径及间距。

当箍筋沿柱全高为一种间距时,则不使用"/"线。

当圆柱采用螺旋箍筋时,需在箍筋前加"L"。

(3)具体工程所设计的各种箍筋类型图以及复合箍筋的具体方式,需画在表的上部或图中的适当位置,并在其上标注与表中相对应的 b、h 和类型号。

注:确定箍筋肢数时要满足对柱纵筋"隔一拉一"以及箍筋肢距的要求。

(4)采用列表注写方式表达的柱平法施工图示例见图 2-37。

3. 截面注写方式

(1)截面注写方式,系在柱平面布置图的柱截面上,分别在同一编号的柱中选择一个截面,以直接注写截面尺寸和配筋具体数值的方式来表达柱平法施工图。

(2)对除芯柱之外的所有柱截面按表 2-13 的规定进行编号,从相同编号的柱中选择一个截面,按另一种比例原位放大绘制柱截面配筋图,并在各配筋图上继其编号后再注写截面尺寸 $b \times h$、角筋或全部纵筋(当纵筋采用一种直径且能够图示清楚时)、箍筋的具体数值,以及在柱截面配筋图上标注柱截面与轴线关系 b_1、b_2、h_1、h_2 的具体数值。

当纵筋采用两种直径时,需再注写截面各边中部筋的具体数值(对于采用对称配筋的矩形截面柱,可仅在一侧注写中部筋,对称边省略不注)。

当在某些框架柱的一定高度范围内,在其内部的中心位设置芯柱时,首先按照表 2-13 的规定进行编号,继其编号之后注写芯柱的起止标高、全部纵筋及箍筋的具体数值,芯柱截面尺寸按构造确定,并按标准构造详图施工,设计不注;当设计者采用不同的做法时应另行注明。芯柱定位随框架柱,不需要注写其与轴线的几何关系。

(3)在截面注写方式中,如柱的分段截面尺寸和配筋均相同,仅截面与轴线的关系不同时,可将其编为同一柱号。但此时应在未画配筋的柱截面上注写该柱截面与轴线关系的具体尺寸。

(4)采用截面注写方式表达的柱平法施工图示例见图 2-38。

二、剪力墙施工图制图规则

1. 剪力墙平法施工图的表示方法

(1)剪力墙平法施工图系在剪力墙平面布置图上采用列表注写方式或截面注写方式表达。

(2)剪力墙平面布置图可采用适当比例单独绘制,也可与柱或梁平面布置图合并绘制。当剪力墙较复杂或采用截面注写方式时,应按标准层分别绘制剪力墙平面布置图。

(3)在剪力墙平法施工图中,应当用表格或其他方式注明各结构层的楼面标高、结构层高及相应的结构层号,尚应注明上部结构嵌固部位位置。

(4)对于轴线未居中的剪力墙(包括端柱),应标注其偏心定位尺寸。

2. 列表注写方式

(1)为表达清楚、简便,剪力墙可视为由剪力墙柱、剪力墙身和剪力墙梁三类构件构成。

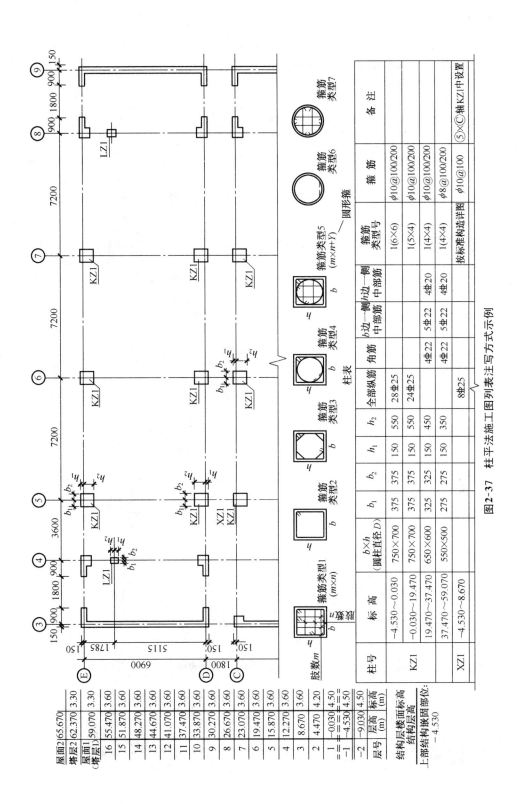

图2-37 柱平法施工图列表注写方式示例

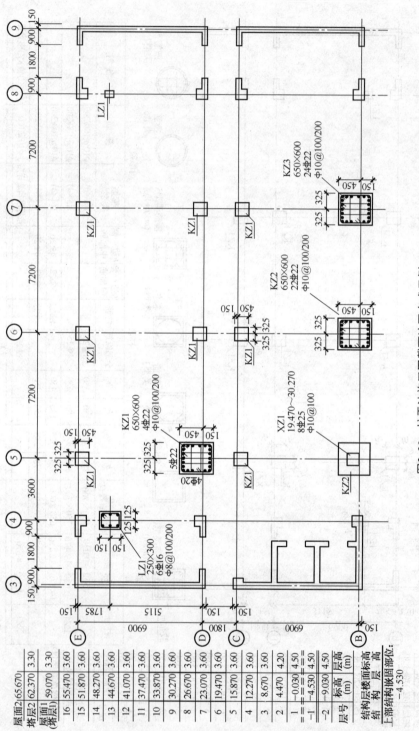

图2-38 柱平法施工图截面注写方式示例

列表注写方式,系分别在剪力墙柱表、剪力墙身表和剪力墙梁表中,对应剪力墙平面布置图上的编号,用绘制截面配筋图并注写几何尺寸与配筋具体数值的方式,来表达剪力墙平法施工图。

(2)编号规定:将剪力墙按剪力墙柱、剪力墙身、剪力墙梁(简称为墙柱、墙身、墙梁)三类构件分别编号。

1)墙柱编号,由墙柱类型代号和序号组成,表达形式应符合表 2-14 的规定。

表 2-14 墙柱编号

墙柱类型	编号	序号
约束边缘构件	YBZ	××
构造边缘构件	GBZ	××
非边缘暗柱	AZ	××
扶壁柱	FBZ	××

注:约束边缘构件包括约束边缘暗柱、约束边缘端柱、约束边缘翼墙、约束边缘转角墙四种(图 2-39)。构造边缘构件包括构造边缘暗柱、构造边缘端柱、构造边缘翼墙、构造边缘转角墙四种(图 2-40)。

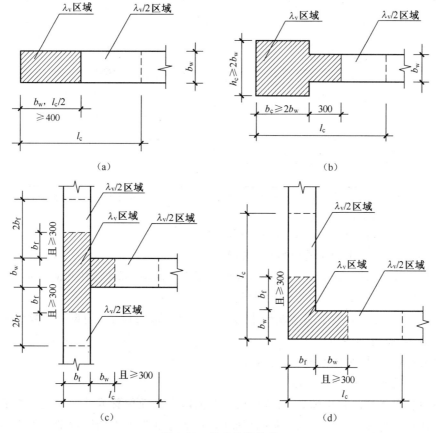

图 2-39 约束边缘构件

(a)约束边缘暗柱   (b)约束边缘端柱   (c)约束边缘翼墙   (d)约束边缘转角墙

2)墙身编号,由墙身代号、序号以及墙身所配置的水平与竖向分布钢筋的排数组成,其

中,排数注写在括号内。表达形式为:

$$Q \times \times (\times 排)$$

①在编号中如若干墙柱的截面尺寸与配筋均相同,仅截面与轴线的关系不同时,可将其编为同一墙柱号;

又如若干墙身的厚度尺寸和配筋均相同,仅墙厚与轴线的关系不同或墙身长度不同时,也可将其编为同一墙身号,但应在图中注明与轴线的几何关系。

②当墙身所设置的水平与竖向分布钢筋的排数为2时可不注。

③对于分布钢筋网的排数规定:当剪力墙厚度不大于400mm时,应配置双排;当剪力墙厚度大于400mm,但不大于700mm时,宜配置三排;当剪力墙厚度大于700mm时,宜配置四排。

④各排水平分布钢筋和竖向分布钢筋的直径与间距宜保持一致。

⑤当剪力墙配置的分布钢筋多于两排时,剪力墙拉筋两端应同时勾住外排水平纵筋和竖向纵筋,还应与剪力墙内排水平纵筋和竖向纵筋绑扎在一起。

3)墙梁编号,由墙梁类型代号和序号组成,表达形式应符合表2-15的规定。

表 2-15　墙梁编号

墙梁类型	代号	序号
连梁	LL	××
连梁(对角暗撑配筋)	LL(JC)	××
连梁(交叉斜筋配筋)	LL(JX)	××
连梁(集中对角斜筋配筋)	LL(DX)	××
连梁(跨高比不小于5)	LLk	××
暗梁	AL	××
边框梁	BKL	××

注:1. 在具体工程中,当某些墙身需设置暗梁或边框梁时,宜在剪力墙平法施工图中绘制暗梁或边框梁的平面布置图并编号,以明确其具体位置。

2. 跨高比不小于5的连梁按框架梁设计时,代号为LLk。

(3)在剪力墙柱表中表达的内容规定如下。

1)注写墙柱编号(见表2-14),绘制该墙柱的截面配筋图,标注墙柱几何尺寸。

①约束边缘构件(见图2-39),需注明阴影部分尺寸。

注:剪力墙平面布置图中应注明约束边缘构件沿墙肢长度 l_c,约束边缘翼墙中沿墙肢长度尺寸为 $2b_f$ 时可不注。)

②构造边缘构件(见图2-40),需注明阴影部分尺寸。

③扶壁柱及非边缘暗柱需标注几何尺寸。

2)注写各段墙柱的起止标高,自墙柱根部往上以变截面位置或截面未变但配筋改变处为界分段注写。墙柱根部标高系指基础顶面标高(部分框支剪力墙结构则为框支梁顶面标高)。

3)注写各段墙柱的纵向钢筋和箍筋,注写值应与在表中绘制的截面配筋图对应一致。纵向钢筋注总配筋值;墙柱箍筋的注写方式与柱箍筋相同。

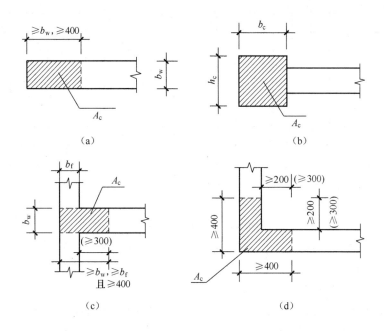

图 2-40　构造边缘构件

(a)构造边缘暗柱　(b)构造边缘端柱　(c)构造边缘翼墙　(d)构造边缘转角墙

(括号中数值用于高层建筑)

设计施工时应注意：

①在剪力墙平面布置图中需注写约束边缘构件非阴影区内布置的拉筋或箍筋直径，与阴影区箍筋直径相同时，可不注。

②当约束边缘构件体积配箍率计算中计入墙身水平分布钢筋时，设计者应注明。施工时，墙身水平分布钢筋应注意采用相应的构造做法。

③本书约束边缘构件非阴影区拉筋是沿剪力墙竖向分布钢筋逐根设置。施工时应注意，非阴影区外圈设置箍筋时，箍筋应包住阴影区内第二列竖向纵筋。当设计采用与本构件详图不同的做法时，应另行注明。

④当非底部加强部位构造边缘构件不设置外圈封闭箍筋时，设计者应注明。施工时，墙身水平分布钢筋应注意采用相应的构造做法。

(4)在剪力墙身表中表达的内容规定如下：

1)注写墙身编号(含水平与竖向分布钢筋的排数)。

2)注写各段墙身起止标高，自墙身根部往上以变截面位置或截面未变但配筋改变处为界分段注写。墙身根部标高系指基础顶面标高(部分框支剪力墙结构则为框支梁顶面标高)。

3)注写水平分布钢筋、竖向分布钢筋和拉结筋的具体数值。注写数值为一排水平分布钢筋和竖向分布钢筋的规格与间距，具体设置几排已经在墙身编号后面表达。

拉结筋应注明布置方式"矩形"或"梅花"布置，用于剪力墙分布钢筋的拉结，见图 2-41(图中 a 为竖向分布钢筋间距，b 为水平分布钢筋间距)。

(5)在剪力墙梁表中表达的内容规定如下。

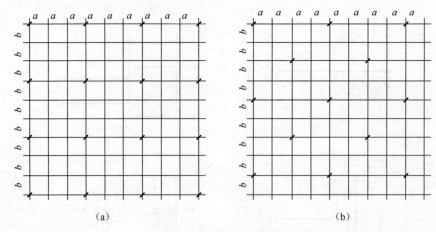

图 2-41　拉结筋设置示意

(a)拉结筋@$3a3b$ 矩形($a\leqslant200$、$b\leqslant200$);(b)拉结筋@$4a4b$ 梅花($a\leqslant150$、$b\leqslant150$)

1)注写墙梁编号。

2)注写墙梁所在楼层号。

3)注写墙梁顶面标高高差,系指相对于墙梁所在结构层楼面标高的高差值,高于者为正值,低于者为负值,无高差时不注。

4)注写墙梁截面尺寸 $b\times h$,以及上部纵筋、下部纵筋和箍筋的具体数值。

5)当连梁设有对角暗撑时[代号为 LL(JC)××],注写暗撑的截面尺寸(箍筋外皮尺寸);注写一根暗撑的全部纵筋,并标注"×2"表明有两根暗撑相互交叉;注写暗撑箍筋的具体数值。

6)当连梁设有交叉斜筋时[代号为 LL(JX)××],注写连梁一侧对角斜筋的配筋值,并标注"×2"表明对称设置;注写对角斜筋在连梁端部设置的拉结根数、强度级别及直径,并标注"×4"表示四个角都设置;注写连梁一侧折线筋配筋值,并标注"×2"表明对称设置。

7)当连梁设有集中对角斜筋时[代号为 LL(DX)××],注写一条对角线上的对角斜筋,并标注"×2"表明对称设置。

8)跨高比不小于 5 的连梁,按框架梁设计时(代号为 LLk××),采用平面注写方式,注写规则同框架梁,可采用适当比例单独绘制,也可与剪力墙平法施工图合并绘制。

墙梁侧面纵筋的配置,当墙身水平分布钢筋满足连梁、暗梁及边框梁的梁侧面纵向构造钢筋的要求时,该筋配置同墙身水平分布钢筋,表中不注,施工按标准构造详图的要求即可。

当墙身水平分布钢筋不满足连梁、暗梁及边框梁的梁侧面纵向构造钢筋的要求时,应在表中补充注明梁侧面纵筋的具体数值;当为 LLk 时,平面注写方式以大写字母"N"打头。梁侧面纵向钢筋在支座内锚固要求同连梁中受力钢筋。

(6)采用列表注写方式分别表达剪力墙墙梁、墙身和墙柱的平法施工图示例,如图 2-42 所示。

3. 截面注写方式

(1)截面注写方式,系在分标准层绘制的剪力墙平面布置图上,以直接在墙柱、墙身、墙梁上注写截面尺寸和配筋具体数值的方式来表达剪力墙平法施工图。

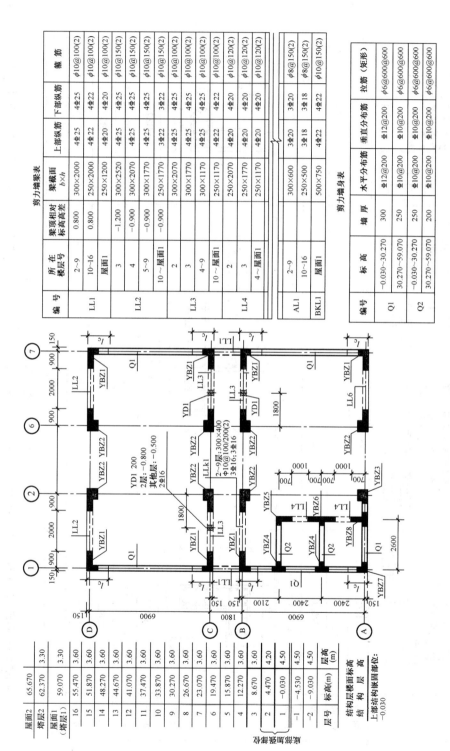

剪力墙梁表

编号	所在楼层号	梁顶相对标高高差	梁截面 $b \times h$	上部纵筋	下部纵筋	箍筋
LL1	2~9	0.800	300×2000	4Φ25	4Φ25	φ10@100(2)
	10~16	0.800	250×2000	4Φ22	4Φ22	φ10@100(2)
	屋面1		250×1200	4Φ20	4Φ20	φ10@100(2)
LL2	3	−1.200	300×2520	4Φ25	4Φ25	φ10@150(2)
	4	−0.900	300×2070	4Φ25	4Φ25	φ10@150(2)
	5~9	−0.900	300×1770	4Φ25	4Φ25	φ10@150(2)
	10~屋面1	−0.900	250×1770	3Φ22	3Φ22	φ10@100(2)
LL3	2		300×2070	4Φ25	4Φ25	φ10@100(2)
	3		300×1770	4Φ25	4Φ25	φ10@100(2)
	4~9		300×1170	4Φ25	4Φ25	φ10@100(2)
	10~屋面1		250×1170	4Φ22	4Φ22	φ10@120(2)
LL4	2		250×2070	4Φ20	4Φ20	φ10@120(2)
	3		250×1770	4Φ20	4Φ20	φ10@120(2)
	4~屋面1		250×1170	4Φ22	4Φ22	φ10@150(2)
AL1	2~9		300×600	3Φ20	3Φ20	φ8@150(2)
	10~16		250×500	3Φ18	3Φ18	φ8@150(2)
BKL1	屋面		500×750	4Φ22	4Φ22	φ10@150(2)

剪力墙身表

编号	标高	墙厚	水平分布筋	垂直分布筋	拉筋（矩形）
Q1	−0.030~30.270	300	Φ12@200	Φ12@200	φ6@600@600
	30.270~59.070	250	Φ10@200	Φ10@200	φ6@600@600
Q2	−0.030~30.270	250	Φ10@200	Φ10@200	φ6@600@600
	30.270~59.070	200	Φ10@200	Φ10@200	φ6@600@600

屋面2	65.670		
塔层2	62.370	3.30	
屋面1（塔层1）	59.070	3.30	
16	55.470	3.60	
15	51.870	3.60	
14	48.270	3.60	
13	44.670	3.60	
12	41.070	3.60	
11	37.470	3.60	
10	33.870	3.60	
9	30.270	3.60	
8	26.670	3.60	
7	23.070	3.60	
6	19.470	3.60	
5	15.870	3.60	
4	12.270	3.60	
3	8.670	3.60	
2	4.470	4.20	
1	−0.030	4.50	
−1	−4.530	4.50	
−2	−9.030	4.50	
层号	标高(m)	层高(m)	结构层楼面标高结构层高

上部结构嵌固部位：−0.030

图2-42　剪力墙平法施工图列表表注写方式示例

剪力墙柱

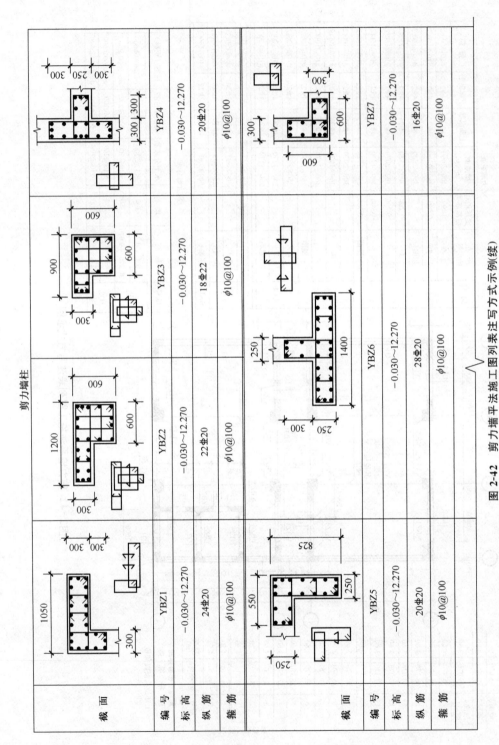

截　面	YBZ1	YBZ2	YBZ3	YBZ4
编　号	YBZ1	YBZ2	YBZ3	YBZ4
标　高	-0.030~12.270	-0.030~12.270	-0.030~12.270	-0.030~12.270
纵　筋	24⊈20	22⊈20	18⊈22	20⊈20
箍　筋	φ10@100	φ10@100	φ10@100	φ10@100

截　面	YBZ5	YBZ6	YBZ7
编　号	YBZ5	YBZ6	YBZ7
标　高	-0.030~12.270	-0.030~12.270	-0.030~12.270
纵　筋	20⊈20	28⊈20	16⊈20
箍　筋	φ10@100	φ10@100	φ10@100

图 2-42　剪力墙平法施工图列表注写方式示例（续）

注：①可在"结构层楼面标高、结构层高表"中增加混凝土强度等级等栏目。②图中 l_c 为约束边缘构件沿墙肢的伸出长度（实际工程中应注明具体值）。

（2）选用适当比例原位放大绘制剪力墙平面布置图，其中对墙柱绘制配筋截面图；对所有墙柱、墙身、墙梁进行编号，并分别在相同编号的墙柱、墙身、墙梁中，选择一根墙柱、一道墙身、一根墙梁进行注写，其注写方式按以下规定进行。

1）从相同编号的墙柱中选择一个截面，注明几何尺寸，标注全部纵筋及箍筋的具体数值。

注：约束边缘构件（见图 2-39）除需注明阴影部分具体尺寸外，尚需注明约束边缘构件沿墙肢长度 l_c，约束边缘翼墙中沿墙肢长度尺寸为 $2b_f$ 时可不注。

2）从相同编号的墙身中选择一道墙身，按顺序引注的内容为：墙身编号（应包括注写在括号内墙身所配置的水平与竖向分布钢筋的排数）、墙厚尺寸，水平分布钢筋、竖向分布钢筋和拉筋的具体数值。

3）从相同编号的墙梁中选择一根墙梁，按顺序引注的内容为：

①注写墙梁编号、墙梁截面尺寸 $b×h$、墙梁箍筋、上部纵筋、下部纵筋和墙梁顶面标高差的具体数值。

②当连梁设有对角暗撑时［代号为 LL（JC）××］，注写暗撑的截面尺寸（箍筋外皮尺寸）；注写一根暗撑的全部纵筋，并标注"×2"表明有两根暗撑相互交叉；注写暗撑箍筋的具体数值。

③当连梁设有交叉斜筋时［代号为 LL（JX）××］，注写连梁一侧对角斜筋的配筋值，并标注"×2"表明对称设置；注写对角斜筋在连梁端部设置的拉筋根数、规格及直径，并标注"×4"表示四个角都设置；注写连梁一侧折线筋配筋值，并标注"×2"表明对称设置。

④当连梁设有集中对角斜筋时［代号为 LL（DX）××］，注写一条对角线上的对角斜筋，并标注"×2"表明对称设置。

⑤跨高比不小于 5 的连梁，按框架梁设计时（代号为 LLk××），采用平面注写方式，注写规则同框架梁，可采用适当比例单独绘制，也可与剪力墙平法施工图合并绘制。

当墙身水平分布钢筋不能满足连梁、暗梁及边框梁的梁侧面纵向构造钢筋的要求时，应补充注明梁侧面纵筋的具体数值；注写时，以大写字母 N 打头，接续注写直径与间距。其在支座内的锚固要求同连梁中受力钢筋。

（3）采用截面注写方式表达的剪力墙平法施工图示例见图 2-43。

4. 剪力墙洞口的表示方法

（1）无论采用列表注写方式还是截面注写方式，剪力墙上的洞口均可在剪力墙平面布置图上原位表达。

（2）洞口的具体表示方法。

1）在剪力墙平面布置图上绘制洞口示意，并标注洞口中心的平面定位尺寸。

2）在洞口中心位置引注以下内容。

①洞口编号：矩形洞口为 JD××（×× 为序号），圆形洞口为 YD××（×× 为序号）。

②洞口几何尺寸：矩形洞口为洞宽×洞高（$b×h$），圆形洞口为洞直径。

③洞口中心相对标高，系相对于结构层楼（地）面标高的洞口中心高度。当其高于结构层楼面时为正值，低于结构层楼面时为负值。

④洞口每边补强钢筋，分以下几种不同情况：

a. 当矩形洞口的洞宽、洞高均不大于 800 时，此项注写为洞口每边补强钢筋的具体数值。当洞宽、洞高方向补强钢筋不一致时，分别注写洞宽方向、洞高方向补强钢筋，以"/"分隔。

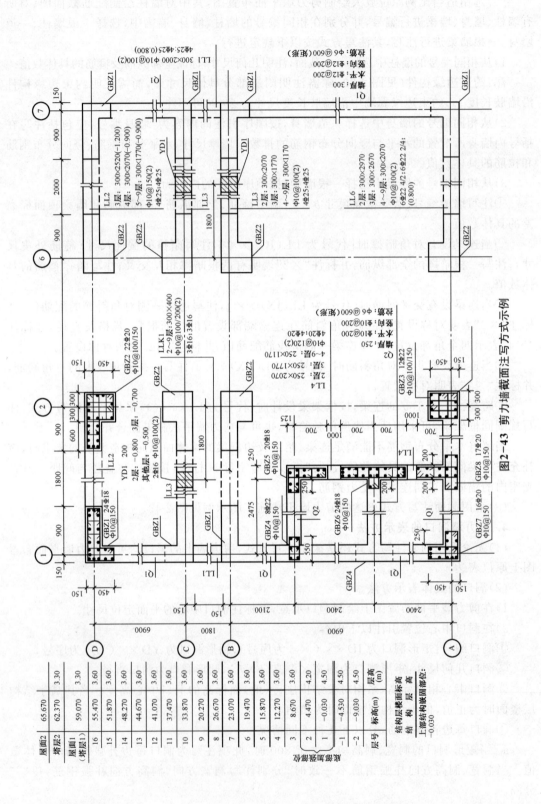

图2-43 剪力墙截面注写方式示例

b. 当矩形或圆形洞口的洞宽或直径大于 800 时,在洞口的上、下需设置补强暗梁,此项注写为洞口上、下每边暗梁的纵筋与箍筋的具体数值(在标准构造详图中,补强暗梁梁高一律定为 400,施工时按标准构造详图取值,设计不注。当设计者采用与该构造详图不同的做法时,应另行注明),圆形洞口尚需注明环向加强钢筋的具体数值;当洞口上、下边为剪力墙连梁时,此项免注;洞口竖向两侧设置边缘构件时,亦不在此项表达(当洞口两侧不设置边缘构件时,设计者应给出具体做法)。

c. 当圆形洞口设置在连梁中部 1/3 范围(且圆洞直径不应大于 1/3 梁高)时,需注写在圆洞上下水平设置的每边补强纵筋与箍筋。

d. 当圆形洞口设置在墙身或暗梁、边框梁位置,且洞口直径不大于 300 时,此项注写为洞口上下左右每边布置的补强纵筋的具体数值。

e. 当圆形洞口直径大于 300,但不大于 800 时,此项注写为洞口上下左右每边布置的补强纵筋的具体数值,以及环向加强钢筋的具体数值。

5. 地下室外墙的表示方法

(1)地下室外墙仅适用于起挡土作用的地下室外围护墙。地下室外墙中墙柱、连梁及洞口等的表示方法同地上剪力墙。

(2)地下室外墙编号,由墙身代号序号组成。表达为:DWQ ××。

(3)地下室外墙平面注写方式,包括集中标注墙体编号、厚度、贯通筋、拉筋等和原位标注附加非贯通筋等两部分内容。当仅设置贯通筋而未设置附加非贯通筋时,则仅做集中标注。

(4)地下室外墙的集中标注规定如下:

1)注写地下室外墙编号,包括代号、序号、墙身长度(注为 ×× ~ ×× 轴)。

2)注写地下室外墙厚度 $b_w = ×××$ 。

3)注写地下室外墙的外侧、内侧贯通筋和拉筋。

①以 OS 代表外墙外侧贯通筋。其中,外侧水平贯通筋以"H"打头注写,外侧竖向贯通筋以"V"打头注写。

②以 IS 代表外墙内侧贯通筋。其中,内侧水平贯通筋以"H"打头注写,内侧竖向贯通筋以"V"打头注写。

③以"tb"打头注写拉结筋直径、强度等级及间距,并注明"矩形"或"梅花"。

(5)地下室外墙的原位标注,主要表示在外墙外侧配置的水平非贯通筋或竖向非贯通筋。

当配置水平非贯通筋时,在地下室墙体平面图上原位标注。在地下室外墙外侧绘制粗实线段代表水平非贯通筋,在其上注写钢筋编号并以"H"打头注写钢筋强度等级、直径、分布间距,以及自支座中线向两边跨内的伸出长度值。当自支座中线向两侧对称伸出时,可仅在单侧标注跨内伸出长度,另一侧不注,此种情况下非贯通筋总长度为标注长度的 2 倍。边支座处非贯通钢筋的伸出长度值从支座外边缘算起。

地下室外墙外侧非贯通筋通常采用"隔一布一"方式与集中标注的贯通筋间隔布置,其标注间距应与贯通筋相同,两者组合后的实际分布间距为各自标注间距的 1/2。

当在地下室外墙外侧底部、顶部、中层楼板位置配置竖向非贯通筋时,应补充绘制地下室外墙竖向剖面图并在其上原位标注。表示方法为在地下室外墙竖向剖面图外侧绘制粗实线段代表竖向非贯通筋,在其上注写钢筋编号并以"V"打头注写钢筋强度等级、直径、分布间距,以及向上(下)层的伸出长度值,并在外墙竖向剖面图名下注明分布范围(××~××轴)。

注:竖向非贯通筋向层内的伸出长度值注写方式:①地下室外墙底部非贯通钢筋向层内的伸出长度值从基础底板顶面算起。②地下室外墙顶部非贯通钢筋向层内的伸出长度值从板底面算起。③中层楼板处非贯通钢筋向层内的伸出长度值从板中间算起,当上下两侧伸出长度值相同时可仅注写一侧。

地下室外墙外侧水平、竖向非贯通筋配置相同者,可仅选择一处注写,其他可仅注写编号。

当在地下室外墙顶部设置水平通长加强钢筋时应注明。

设计时应注意:设计者应按具体情况判定扶壁柱或内墙是否作为墙身水平方向支座,以选择合理的配筋方式;在"顶板作为外墙的简支支承"、"顶板作为外墙的弹性嵌固支承(墙外侧竖向钢筋与板上部纵向受力钢筋搭接连接)"两种做法中,设计者应在施工中指定选用何种做法。

(6)采用平面注写方式表达的地下室剪力墙平法施工图示例如图 2-44 所示。

6. 其他

(1)在剪力墙平法施工图中应注明底部加强部位高度范围,以便使施工人员明确在该范围内应按照加强部位的构造要求进行施工。

(2)当剪力墙中有偏心受拉墙肢时,无论采用何种直径的竖向钢筋,均应采用机械连接或焊接接长,设计者应在剪力墙平法施工图中加以注明。

(3)抗震等级为一级的剪力墙,水平施工缝处需设置附加竖向插筋时,设计应注明构件位置,并注写附加竖向插筋规格、数量及间距。竖向插筋沿墙身均匀布置。

三、梁构件施工图制图规则

1. 梁平法施工图的表示方法

(1)梁平法施工图是在梁平面布置图上采用平面注写方式或截面注写方式表达。

(2)梁平面布置图,应分别按梁的不同结构层(标准层),将全部梁和与其相关联的柱、墙、板一起采用适当比例绘制。

(3)在梁平法施工图中,应当用表格或其他方式注明各结构层的顶面标高及相应的结构层号。

(4)对于轴线未居中的梁,应标注其偏心定位尺寸(贴柱边的梁可不注)。

2. 平面注写方式

(1)平面注写方式是在梁平面布置图上,分别在不同编号的梁中各选一根梁,在其上注写截面尺寸和配筋具体数值的方式来表达梁平法施工图。

平面注写包括集中标注与原位标注,集中标注表达梁的通用数值,原位标注表达梁的特殊数值。当集中标注中的某项数值不适用于梁的某部位时,则将该项数值原位标注,施工时,原位标注取值优先,如图 2-45 所示。

(2)梁编号由梁类型代号、序号、跨数及有无悬挑代号几项组成,并应符合表 2-16 的规定。

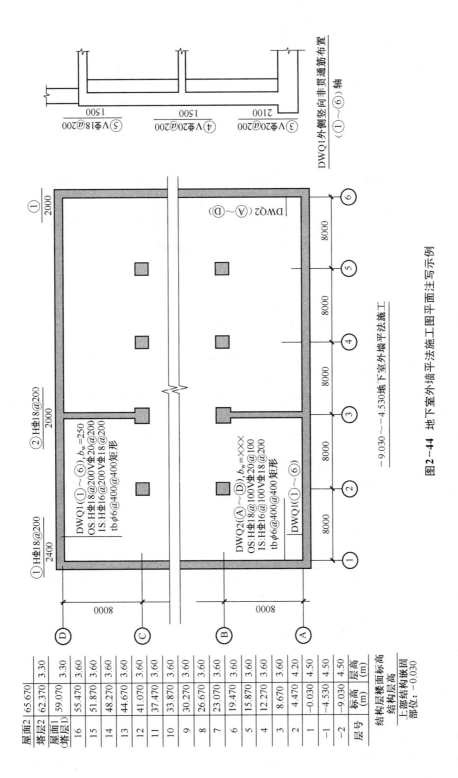

图2-44　地下室外墙平法施工图平面注写示例

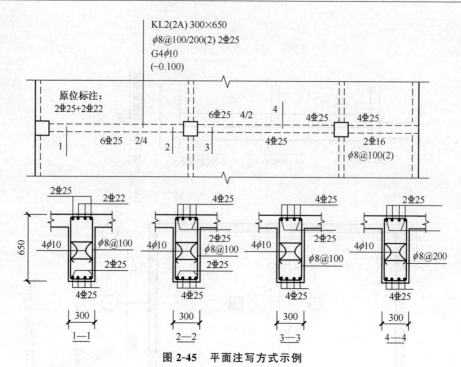

图 2-45　平面注写方式示例

注:图中四个梁截面采用传统表示方法绘制,用于对比按平面注写方式表达的同样内容。实际采用平面注写方式表达时,不需绘制梁截面配筋图和图中的相应截面号。

表 2-16　梁编号

梁类型	代号	序号	跨数及是否带有悬挑
楼层框架梁	KL	××	(××)、(××A)或(××B)
楼层框架扁梁	KBL	××	(××)、(××A)或(××B)
屋面框架梁	WKL	××	(××)、(××A)或(××B)
非框架梁	L	××	(××)、(××A)或(××B)
框支梁	KZL	××	(××)、(××A)或(××B)
托柱转换梁	TZL	××	(××)、(××A)或(××B)
悬挑梁	XL	××	(××)、(××A)或(××B)
井字梁	JZL	××	(××)、(××A)或(××B)

注:①(××A)为一端有悬挑,(××B)为两端有悬挑,悬挑不计入跨数。②楼层框架扁梁节点核心区代号 KBH;③非框架梁 L、井字梁 JZL 表示端支座为铰接;当非框架梁 L、井字梁 JZL 端支座上部纵筋为充分利用钢筋的抗拉强度时,在梁代号后加"g"。

(3)梁集中标注的内容,有五项必注值及一项选注值(集中标注可以从梁的任意一跨引出),规定如下。

1)梁编号见表 2-16,该项为必注值。

2)梁截面尺寸,该项为必注值。当为等截面梁时,用 $b \times h$ 表示;当为竖向加腋梁时,用 $b \times h$　$Yc_1 \times c_2$ 表示,其中 c_1 为腋长,c_2 为腋高,如图 2-46 所示;当为水平加腋梁时,一侧加腋时用 $b \times h$　$PYc_1 \times c_2$ 表示,其中 c_1 为腋长,c_2 为腋宽,加腋部位应在平面图中绘制,如图 2-47 所示;当有悬挑梁并且根部和端部的高度不同时,用斜线分隔根部与端部的高度值,即为 $b \times h_1/h_2$,如图 2-48 所示。

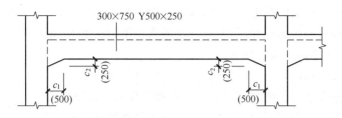

图 2-46　竖向加腋梁标注

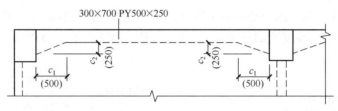

图 2-47　水平加腋梁标注

3）梁箍筋，包括钢筋级别、直径、加密区与非加密区间距及肢数，该项为必注值。箍筋加密区与非加密区的不同间距及肢数需用斜线"/"分隔；当梁箍筋为同一种间距及肢数时，则不需用斜线；当加密区与非加密区的箍筋肢数相同时，

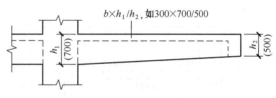

图 2-48　悬挑梁不等高截面标注

则将肢数注写一次；箍筋肢数应写在括号内。加密区范围见相应抗震等级的标准构造详图。

非框架梁、悬挑梁、井字梁采用不同的箍筋间距及肢数时，也用斜线"/"将其分隔开来。注写时，先注写梁支座端部的箍筋（包括箍筋的箍数、钢筋级别、直径、间距与肢数），在斜线后注写梁跨中部分的箍筋间距及肢数。

4）梁构件的上部通长筋或架立筋配置（通长筋可为相同或不同直径采用搭接连接、机械连接或焊接的钢筋），该项为必注值。所注规格与根数应根据结构受力要求及箍筋肢数等构造要求而定。当同排纵筋中既有通长筋又有架立筋时，应用加号"＋"将通长筋和架立筋相联。注写时需将角部纵筋写在加号的前面，架立筋写在加号后面的括号内，以示不同直径及与通长筋的区别。当全部采用架立筋时，则将其写入括号内。

当梁的上部纵筋和下部纵筋为全跨相同，且多数跨配筋相同时，此项可加注下部纵筋的配筋值，用分号"；"将上部与下部纵筋的配筋值分隔开来表达。少数跨不同者，则将该项数值原位标注。

5）梁侧面纵向构造钢筋或受扭钢筋配置，该项为必注值。

当梁腹板高度 $h_w \geqslant 450mm$ 时，需配置纵向构造钢筋，所注规格与根数应符合规范规定。此项注写值以大写字母"G"打头，接续注写设置在梁两个侧面的总配筋值，且对称配置。

当梁侧面需配置受扭纵向钢筋时，此项注写值以大写字母"N"打头，接续注写配置在梁两个侧面的总配筋值，且对称配置。受扭纵向钢筋应满足梁侧面纵向构造钢筋的间距要求，且不再重复配置纵向构造钢筋。

6）梁顶面标高高差，该项为选注值。

梁顶面标高高差，系指相对于结构层楼面标高的高差值，对于位于结构夹层的梁，则指相对于结构夹层楼面标高的高差。有高差时,需将其写入括号内,无高差时不注。当某梁的顶面高于所在结构层的楼面标高时,其标高高差为正值,反之为负值。

(4)梁原位标注的内容规定如下。

1)梁支座上部纵筋,该部位含通长筋在内的所有纵筋:

①当上部纵筋多于一排时,用斜线"/"将各排纵筋自上而下分开。

②当同排纵筋有两种直径时,用加号"+"将两种直径的纵筋相联,注写时将角部纵筋写在前面。

③当梁中间支座两边的上部纵筋不同时,须在支座两边分别标注;当梁中间支座两边的上部纵筋相同时,可仅在支座的一边标注配筋值,另一边省去不注,如图 2-49 所示。

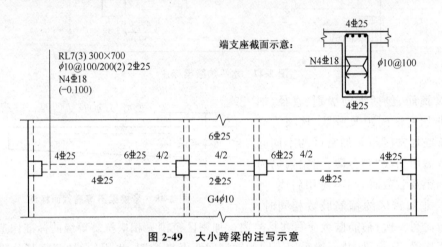

图 2-49　大小跨梁的注写示意

④设计时应注意以下几点。

a. 对于支座两边不同配筋值的上部纵筋,宜尽可能选用相同直径(不同根数),使其贯穿支座,避免支座两边不同直径的上部纵筋均在支座内锚固。

b. 对于以边柱、角柱为端支座的屋面框架梁,当能够满足配筋截面面积要求时,其梁的上部钢筋应尽可能只配置一层,以避免梁柱纵筋在柱顶处因层数过多、密度过大导致不方便施工和影响混凝土浇筑质量。

2)梁下部纵筋:

①当下部纵筋多于一排时,用斜线"/"将各排纵筋自上而下分开。

②当同排纵筋有两种直径时,用加号"+"将两种直径的纵筋相联,注写时角筋写在前面。

③当梁下部纵筋不全部伸入支座时,将梁支座下部纵筋减少的数量写在括号内。

④当梁的集中标注中已分别注写了梁上部和下部均为通长的纵筋值时,则不需在梁下部重复做原位标注。

⑤当梁设置竖向加腋时,加腋部位下部斜纵筋应在支座下部以"Y"打头注写在括号内,如图 2-50 所示,图集中框架梁竖向加腋结构适用于加腋部位参与框架梁计算,其他情况设计者应另行给出构造。当梁设置水平加腋时,水平加腋内上、下部斜纵筋应在加腋支座上部以"Y"打头注写在括号内,上下部斜纵筋之间用"/"分隔,如图 2-51 所示。

3)当在梁上集中标注的内容(即梁截面尺寸、箍筋、上部通长筋或架立筋,梁侧面纵向构

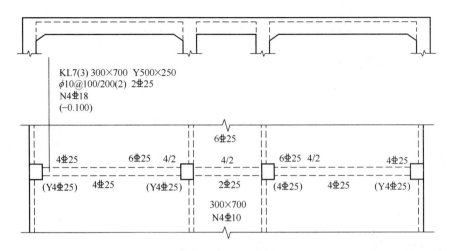

图 2-50　梁加腋平面注写方式

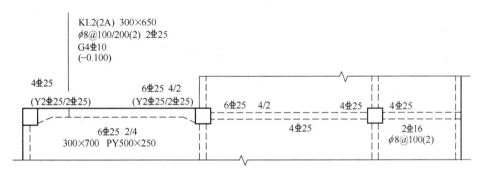

图 2-51　梁水平加腋平面注写方式

造钢筋或受扭纵向钢筋,以及梁顶面标高高差中的某一项或几项数值)不适用于某跨或某悬挑部分时,则将其不同数值原位标注在该跨或该悬挑部位,施工时应按原位标注数值取用。

当在多跨梁的集中标注中已注明加腋,而该梁某跨的根部却不需要加腋时,则应在该跨原位标注等截面的 $b \times h$,以修正集中标注中的加腋信息,如图 2-50 所示。

4)附加箍筋或吊筋,将其直接画在平面图中的主梁上,用线引注总配筋值(附加箍筋的肢数注在括号内),如图 2-52 所示。当多数附加箍筋或吊筋相同时,可在梁平法施工图上统一注明,少数与统一注明值不同时,再原位引注。

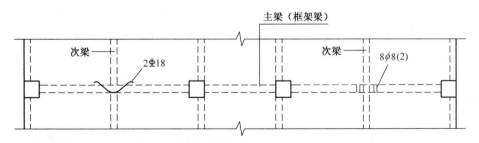

图 2-52　附加箍筋和吊筋的画法示例

施工时应注意:附加箍筋或吊筋的几何尺寸应按照标准构造详图,结合其所在位置的主梁和次梁的截面尺寸而定。

(5)框架扁梁注写规则同框架梁,对于上部纵筋和下部纵筋,尚需注明未穿过柱截面的纵向受力钢筋根数,如图 2-53 所示。

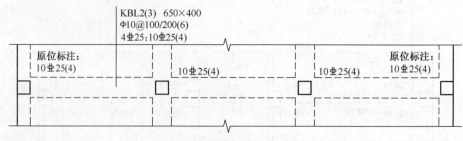

图 2-53 平面注写方式示例

(6)框架扁梁节点核心区代号为 KBH,包括柱内核心区和柱外核心区两部分。框架扁梁节点核心区钢筋注写包括柱外核心区竖向拉筋及节点核心区附加纵向钢筋,端支座节点核心区尚需注写附加 U 形箍筋。

柱内核心区箍筋见框架柱箍筋。

柱外核心区竖向拉筋,注写其钢筋级别与直径;端支座柱外核心区尚需注写附加 U 形箍筋的钢筋级别、直径及根数。

框架扁梁节点核心区附加纵向钢筋以大写字母"F"打头,注写其设置方向(X 向或 Y 向)、层数、每层的钢筋根数、钢筋级别、直径及未穿过柱截面的纵向受力钢筋根数。

设计、施工时应注意:

①柱外核心区竖向拉筋在梁纵向钢筋两向交叉位置均布置,当布置方式与图集要求不一致时,设计应另行绘制详图。

②框架扁梁端支座节点,柱外核心区设置 U 形箍筋及竖向拉筋时,在 U 形箍筋与位于柱外的梁纵向钢筋交叉位置均布置竖向拉筋。当布置方式与图集要求不一致时,设计应另行绘制详图。

③附加纵向钢筋应与竖向拉筋相互绑扎。

(7)井字梁通常由非框架梁构成,并以框架梁为支座(特殊情况下以专门设置的非框架大梁为支座)。在此情况下,为明确区分井字梁与作为井字梁支座的梁,井字梁用单粗虚线表示(当井字梁顶面高出板面时可用单粗实线表示),作为井字梁支座的梁用双细虚线表示(当梁顶面高出板面时可用双细实线表示)。

井字梁系指在同一矩形平面内相互正交所组成的结构构件,井字梁所分布范围称为"矩形平面网格区域"(简称"网格区域")。当在结构平面布置中仅有由四根框架梁框起的一片网格区域时,所有在该区域相互正交的井字梁均为单跨;当有多片网格区域相连时,贯通多片网格区域的井字梁为多跨,且相邻两片网格区域分界处即为该井字梁的中间支座。对某根井字梁编号时,其跨数为其总支座数减 1;在该梁的任意两个支座之间,无论有几根同类梁与其相交,均不作为支座,如图 2-54 所示。

井字梁的注写规则符合上述第(1)~(4)条规定。除此之外,设计者应注明纵横两个方向梁相交处同一层面钢筋的上下交错关系(指梁上部或下部的同层面交错钢筋何梁在上何梁在下),以及在该相交处两方向梁箍筋的布置要求。

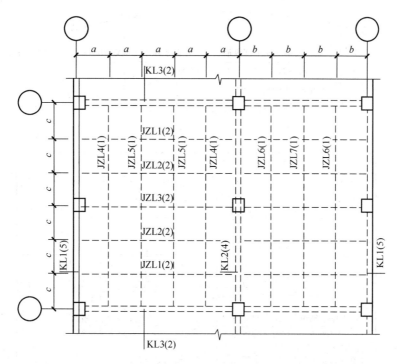

图 2-54　井字梁矩形平面网格区域示意

(8)井字梁的端部支座和中间支座上部纵筋的伸出长度值 a_0,应由设计者在原位加注具体数值予以注明。

当采用平面注写方式时,则在原位标注的支座上部纵筋后面括号内加注具体伸出长度值,如图 2-55 所示。

当为截面注写方式时,则在梁端截面配筋图上注写的上部纵筋后面括号内加注具体伸出长度值,如图 2-56 所示。

设计时应注意:

①当井字梁连续设置在两片或多排网格区域时,才具有井字梁中间支座。

②当某根井字梁端支座与其所在网格区域之外的非框架梁相连时,该位置上部钢筋的连续布置方式需由设计者注明。

(9)在梁平法施工图中,当局部梁的布置过密时,可将过密区用虚线框出,适当放大比例后再用平面注写方式表示。

(10)采用平面注写方式表达的梁平法施工图示例,如图 2-57 所示。

3. 截面注写方式

(1)截面注写方式,系在分标准层绘制的梁平面布置图上,分别在不同编号的梁中各选择一根梁用剖面符号引出配筋图,并在其上注写截面尺寸和配筋具体数值来表达梁平法施工图。

(2)对所有梁进行编号,从相同编号的梁中选择一根梁,先将"单边截面号"画在该梁上,再将截面配筋详图画在本图或其他图上。当某梁的顶面标高与结构层的楼面标高不同时,尚应继其梁编号后注写梁顶面标高高差(注写规定与平面注写方式相同)。

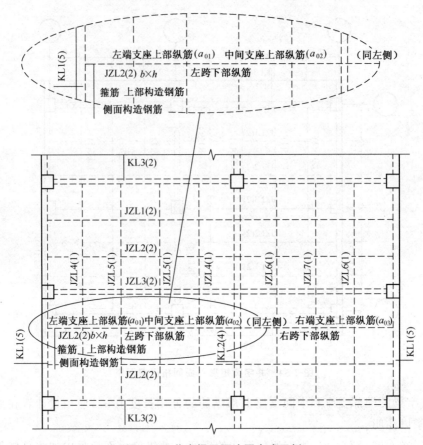

图 2-55　井字梁平面注写方式示例

注:图中仅示意井字梁的注写方法,未注明截面几何尺寸 $b \times h$,
支座上部纵筋伸出长度 $a_{01} \sim a_{03}$,以及纵筋与箍筋的具体数值。

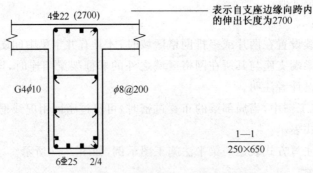

图 2-56　井字梁截面注写方式示例

　　(3)在截面配筋详图上注写截面尺寸 $b \times h$、上部筋、下部筋、侧面构造筋或受扭筋以及箍筋的具体数值时,其表达形式与平面注写方式相同。

　　(4)对于框架扁梁尚需在截面详图上注写未穿过柱截面的纵向受力筋根数。对于框架扁梁节点核心区附加钢筋,需采用平、剖面图表达节点核心区附加纵向钢筋、柱外核心区全部竖向拉筋以及端支座附加 U 型箍筋,注写其具体数值。

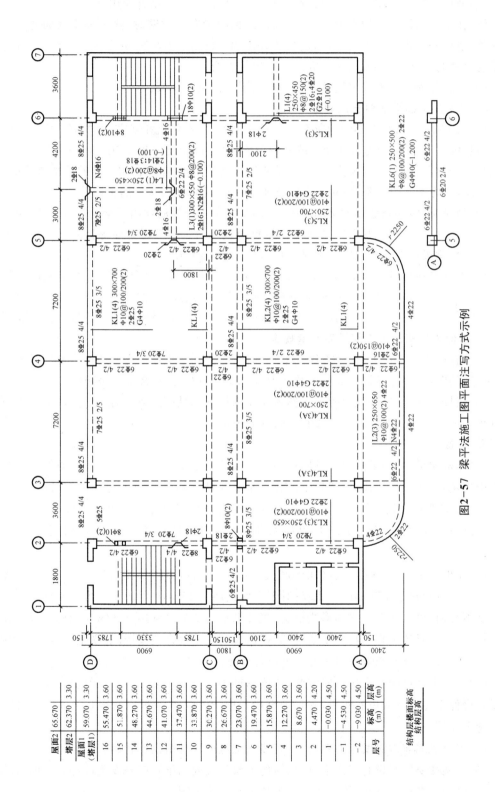

图2-57　梁平法施工图平面注写方式示例

　　(5)截面注写方式既可以单独使用,也可与平面注写方式结合使用。

　　注:在梁平法施工图的平面图中,当局部区域的梁布置过密时,除了采用截面注写方式表达外,也可将加密区用虚线框出,适当放大比例后再用平面注写方式表示。当表达异形截面梁的尺寸与配筋时,用截面注写方式相对比较方便。

　　(6)采用截面注写方式表达的梁平法施工图示例见图2-58。

4. 梁支座上部纵筋的长度规定

　　(1)为方便施工,凡框架梁的所有支座和非框架梁(不包括井字梁)的中间支座上部纵筋的伸出长度 a_0 值在标准构造详图中统一取值为:第一排非通长筋及与跨中直径不同的通长筋从柱(梁)边起伸出至 $l_n/3$ 位置;第二排非通长筋伸出至 $l_n/4$ 位置。l_n 的取值规定为:对于端支座,l_n 为本跨的净跨值;对于中间支座,l_n 为支座两边较大一跨的净跨值。

　　(2)悬挑梁(包括其他类型梁的悬挑部分)上部第一排纵筋伸出至梁端头并下弯,第二排伸出至 $3l/4$ 位置,l 为自柱(梁)边算起的悬挑净长。当具体工程需要将悬挑梁中的部分上部钢筋从悬挑梁根部开始斜向弯下时,应由设计者另加注明。

　　(3)设计者在执行上述第(1)、(2)条关于梁支座端上部纵筋伸出长度的统一取值规定时,特别是在大小跨相邻和端跨外为长悬臂的情况下,还应注意按《混凝土结构设计规范》(2015版)(GB 50010—2010)的相关规定进行校核,若不满足时应根据规范规定进行变更。

5. 不伸入支座的梁下部纵筋长度规定

　　(1)当梁(不包括框支梁)下部纵筋不全部伸入支座时,不伸入支座的梁下部纵筋截断点距支座边的距离,在标准构造详图中统一取为 $0.1l_{ni}$,(l_{ni} 为本跨梁的净跨值)。

　　(2)当按上述第(1)条规定确定不伸入支座的梁下部纵筋的数量时,应符合《混凝土结构设计规范》(2015版)(GB 50010—2010)的有关规定。

6. 其他

　　(1)非框架梁、井字梁的上部纵向钢筋在端支座的锚固要求,16G101-1图集标准构造详图中规定:当设计按铰接时(代号 L、JZL),平直段伸至端支座对边后弯折,并且平直段长度 $\geqslant 0.35l_{ab}$,弯折段投影长度 $15d$(d 为纵向钢筋直径);当充分利用钢筋的抗拉强度时(代号 Lg、JZLg),直段伸至端支座对边后弯折,并且平直段长度 $\geqslant 0.6l_{ab}$,弯折段投影长度 $15d$。

　　(2)非框架梁的下部纵向钢筋在中间支座和端支座的锚固长度:在16G101-1图集的构造详图中规定对于带肋钢筋为 $12d$;对于光面钢筋为 $15d$(d 为纵向钢筋直径);端支座直锚长度不足时,可采取弯钩锚固形式措施;当计算中需要充分利用下部纵向钢筋的抗压强度或抗拉强度,或具体工程有特殊要求时,其锚固长度应由设计者按照《混凝土结构设计规范》(2015版)(GB 50010—2010)的相关规定进行变更。

　　(3)当非框架梁配有受扭纵向钢筋时,梁纵筋锚入支座的长度为 l_a,在端支座直锚长度不足时可伸至端支座对边后弯折,并且平直段长度 $\geqslant 0.6l_{ab}$,弯折段投影长度 $15d$。设计者应在图中注明。

　　(4)当梁纵筋兼做温度应力钢筋时,其锚入支座的长度由设计者确定。

　　(5)当两楼层之间设有层间梁时(如结构夹层位置处的梁),应将设置该部分梁的区域划出,另行绘制梁结构布置图,然后在其上表达梁平法施工图。

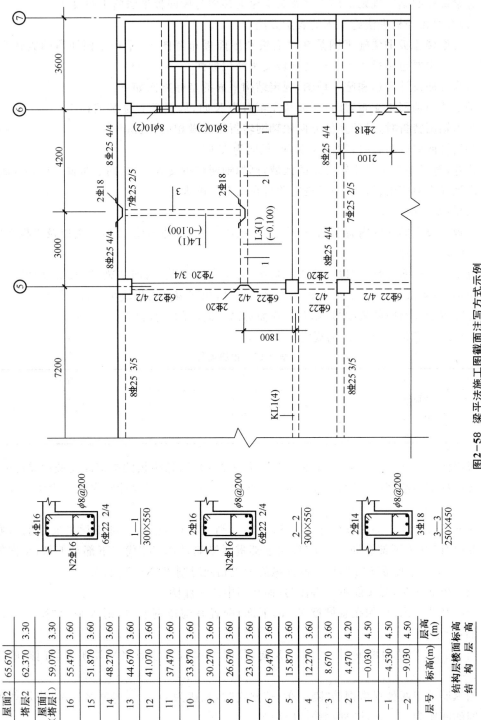

图2-58　梁平法施工图截面注写方式示例

层号	标高(m)	层高(m)
屋面2	65.670	
塔层2	62.370	3.30
屋面1（塔层1）	59.070	3.30
16	55.470	3.60
15	51.870	3.60
14	48.270	3.60
13	44.670	3.60
12	41.070	3.60
11	37.470	3.60
10	33.870	3.60
9	30.270	3.60
8	26.670	3.60
7	23.070	3.60
6	19.470	3.60
5	15.870	3.60
4	12.270	3.60
3	8.670	4.20
2	4.470	4.50
1	-0.030	4.50
-1	-4.530	4.50
-2	-9.030	4.50
层号	标高(m)	层高(m)

结构层楼面标高
结　构　层　高

四、板构件施工图制图规则

1. 有梁楼盖平法施工图制图规则

有梁楼盖的制图规则适用于以梁为支座的楼面与屋面板平法施工图设计。

(1)有梁楼盖板平法施工图的表示方法。

1)有梁楼盖板平法施工图是在楼面板和屋面板布置图上,采用平面注写的表达方式。板平面注写主要包括板块集中标注和板支座原位标注。

2)为方便设计表达和施工识图,规定结构平面的坐标方向如下:

①当两向轴网正交布置时,图面从左至右为 X 向,从下至上为 Y 向;

②当轴网转折时,局部坐标方向顺轴网转折角度做相应转折;

③当轴网向心布置时,切向为 X 向,径向为 Y 向。

此外,对于平面布置比较复杂的区域,例如轴网转折交界区域、向心布置的核心区域等,其平面坐标方向应由设计者另行规定并且在图上明确表示。

(2)板块集中标注。

1)板块集中标注的内容包括:板块编号、板厚、上部贯通纵筋、下部纵筋以及当板面标高不同时的标高高差。

对于普通楼面,两向均以一跨为一板块;对于密肋楼盖,两向主梁(框架梁)均以一跨为一板块(非主梁密肋不计)。所有板块应逐一编号,相同编号的板块可择其一做集中标注,其他仅注写置于圆圈内的板编号,以及当板面标高不同时的标高高差。

板块编号应符合表 2-17 的规定。

表 2-17　板块编号

板类型	代号	序号
楼面板	LB	××
屋面板	WB	××
悬挑板	XB	××

板厚注写为 $h=\times\times\times$(h 为垂直于板面的厚度);当悬挑板的端部改变截面厚度时,用斜线分隔根部与端部的高度值,注写为 $h=\times\times\times/\times\times\times$;当设计已在图注中统一注明板厚时,此项可不注。

纵筋按板块的下部纵筋和上部贯通纵筋分别注写(当板块上部不设贯通纵筋时则不注),并以"B"代表下部纵筋,以"T"代表上部贯通纵筋,"B&T"代表下部与上部;X 向纵筋以"X"打头,Y 向纵筋以"Y"打头,两向纵筋配置相同时则以"X&Y"打头。

当为单向板时,分布筋可不必注写,而在图中统一注明。

当在某些板内(例如在悬挑板 XB 的下部)配置有构造钢筋时,则 X 向以"Xc",Y 向以"Yc"打头注写。

当 Y 向采用放射配筋时(切向为 X 向,径向为 Y 向),设计者应注明配筋间距的定位尺寸。

当纵筋采用两种规格钢筋"隔一布一"方式时,表达为 $\Phi\times\times/yy@\times\times\times$,表示两种钢筋之间的间距为 $\times\times\times$,同种钢筋的间距为 $2\times\times\times$。

板面标高高差是指相对于结构层楼面标高的高差,应将其注写在括号内,并且有高差则注,无高差不注。

2)同一编号板块的类型、板厚和纵筋均应相同,但是板面标高、跨度、平面形状以及板支座上部非贯通纵筋可以不同,如同一编号板块的平面形状可为矩形、多边形及其他形状等。施工预算时,应根据其实际平面形状,分别计算各块板的混凝土与钢材用量。

设计与施工应注意:单向或双向连续板的中间支座上部同向贯通纵筋,不应在支座位置连接或分别锚固。当相邻两跨的板上部贯通纵筋配置相同,且跨中部位有足够空间连接时,可在两跨任意一跨的跨中连接部位连接;当相邻两跨的上部贯通纵筋配置不同时,应将配置较大者越过其标注的跨数终点或起点伸至相邻跨的跨中连接区域连接。

设计应注意板中间支座两侧上部纵筋的协调配置,施工及预算应按具体设计和相应标准构造要求实施。等跨与不等跨板上部纵筋的连接有特殊要求时,其连接部位及方式应由设计者注明。对于梁板式转换层楼板,板下部纵筋在支座内的锚固长度不应小于 l_a。

当悬挑板需要考虑竖向地震作用时,下部纵筋伸入支座内长度不应小于 l_{aE}。

(3)板支座原位标注。

1)板支座原位标注的内容包括:板支座上部非贯通纵筋和悬挑板上部受力钢筋。

板支座原位标注的钢筋,应在配置相同跨的第一跨表达(当在梁悬挑部位单独配置时则在原位表达)。在配置相同跨的第一跨(或梁悬挑部位),垂直于板支座(梁或墙)绘制一段适宜长度的中粗实线(当该筋通长设置在悬挑板或短跨板上部时,实线段应画至对边或贯通短跨),以该线段代表支座上部非贯通纵筋,并在线段上方注写钢筋编号(例如①、②等)、配筋值、横向连续布置的跨数(注写在括号内,并且当为一跨时可不注),以及是否横向布置到梁的悬挑端。

板支座上部非贯通筋自支座中线向跨内的伸出长度,注写在线段的下方位置。

当中间支座上部非贯通纵筋向支座两侧对称伸出时,可仅在支座一侧线段下方标注伸出长度,另一侧不注,如图 2-59 所示。

当向支座两侧非对称伸出时,应分别在支座两侧线段下方注写伸出长度,如图 2-60 所示。

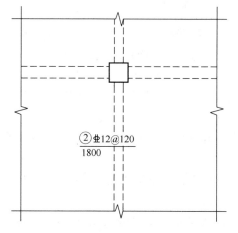

图 2-59　板支座上部非贯通筋对称伸出

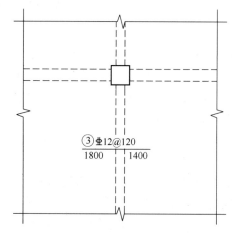

图 2-60　板支座上部非贯通筋非对称伸出

对线段画至对边贯通全跨或贯通全悬挑长度的上部通长纵筋,贯通全跨或伸出至全悬挑一侧的长度值不注,只注明非贯通筋另一侧的伸出长度值,如图 2-61 所示。

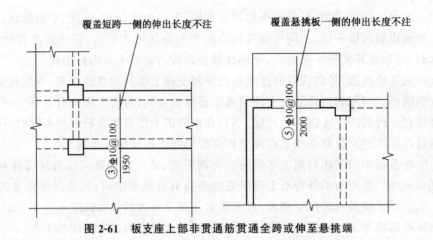

图 2-61　板支座上部非贯通筋贯通全跨或伸至悬挑端

当板支座为弧形,支座上部非贯通纵筋呈放射状分布时,设计者应注明配筋间距的度量位置并加注"放射分布"四字,必要时应补绘平面配筋图,如图 2-62 所示。

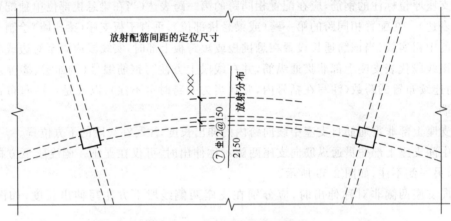

图 2-62　弧形支座处放射配筋

关于悬挑板的注写方式如图 2-63 所示。当悬挑板端部厚度不小于 150 时,设计者应指定板端部封边构造方式,当采用 U 形钢筋封边时,尚应指定 U 形钢筋的规格、直径。

在板平面布置图中,不同部位板支座上部非贯通纵筋及悬挑板上部受力钢筋,可仅在一个部位注写,对其他相同者则仅需在代表钢筋的线段上注写编号及按本条规则注写横向连续布置的跨数即可。

此外,与板支座上部非贯通纵筋垂直且绑扎在一起的构造钢筋或分布钢筋,应由设计者在图中注明。

2)当板的上部已配置有贯通纵筋,但需增配板支座上部非贯通纵筋时,应结合已配置的同向贯通纵筋的直径与间距采取"隔一布一"方式配置。

"隔一布一"方式,为非贯通纵筋的标注间距与贯通纵筋相同,两者组合后的实际间距为各自标注间距的 1/2。当设定贯通纵筋为纵筋总截面面积的 50% 时,两种钢筋应取相同直径;当设定贯通纵筋大于或小于总截面面积的 50% 时,两种钢筋则取不同直径。

施工应注意:当支座一侧设置了上部贯通纵筋(在板集中标注中以"T"打头),而在支座另一侧仅设置了上部非贯通纵筋时,如果支座两侧设置的纵筋直径、间距相同,应将二者连

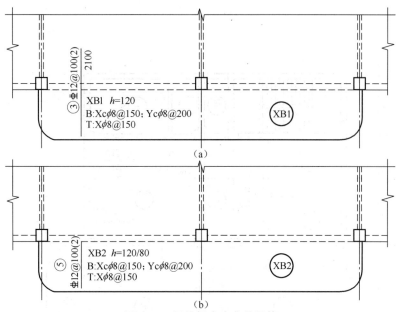

图 2-63 悬挑板支座非贯通筋

通,避免各自在支座上部分别锚固。

(4)其他。

1)当悬挑板需要考虑竖向地震作用时,设计应注明该悬挑板纵向钢筋抗震锚固长度按何种抗震等级。

2)板上部纵向钢筋在端支座(梁、剪力墙顶)锚固要求:当设计按铰接时,平直段伸至端支座对边后弯折,且平直段长度 $\geqslant 0.35l_{ab}$,弯折段投影长度 $15d$(d 为纵向钢筋直径);当充分利用钢筋的抗拉强度时,平直段伸至端支座对边后弯折,且平直段长度 $\geqslant 0.6l_{ab}$,弯折段投影长度 $15d$。设计者应在平法施工图中注明采用何种构造,当多数采用同种构造时可在图注中写明,并将少数不同之处在图中注明。

3)板支承在剪力墙顶的端节点,当设计考虑墙外侧竖向钢筋与板上部纵向受力钢筋搭接传力时,应满足搭接长度要求,设计者应在平法施工图中注明。

4)板纵向钢筋的连接可采用绑扎搭接、机械连接或焊接。当板纵向钢筋采用非接触方式的搭接连接时,其搭接部位的钢筋净距不宜小于 $30mm$,且钢筋中心距不应大于 $0.2l_l$ 及 $150mm$ 的较小者。非接触搭接使混凝土能够与搭接范围内所有钢筋的全表面充分粘接,可以提高搭接钢筋之间通过混凝土传力的可靠度。

5)采用平面注写方式表达的楼面板平法施工图示例,如图 2-64 所示。

2. 无梁楼盖平法施工图制图规则

(1)无梁楼盖平法施工图的表示方法。

1)无梁楼盖平法施工图是在楼面板和屋面板布置图上,采用平面注写的表达方式。

2)板平面注写主要有板带集中标注、板带支座原位标注两部分内容。

(2)板带集中标注。

1)集中标注应在板带贯通纵筋配置相同跨的第一跨(X 向为左端跨,Y 向为下端跨)注写。相同编号的板带可择其一做集中标注,其他仅注写板带编号(注在圆圈内)。

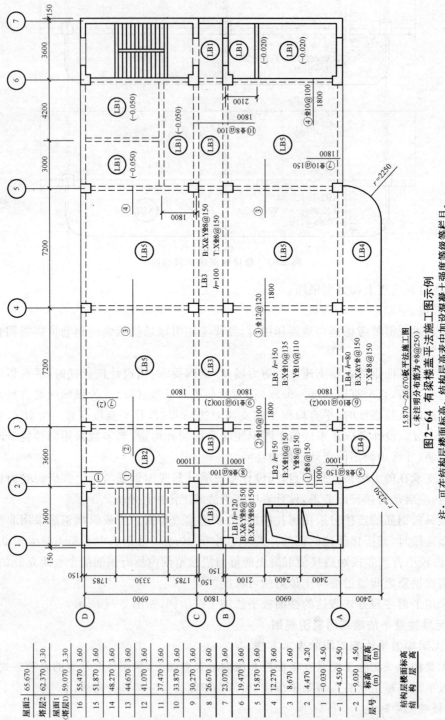

图2-64　有梁楼盖平法施工图示例

15.870~26.670板平法施工图
（未注明分布筋为φ8@250）

注：可在结构层楼面标高、结构层高表中加设混凝土强度等级等栏目。

屋面2	65.670	3.30
塔层2	62.370	3.30
屋面1 (塔层1)	59.070	3.30
16	55.470	3.60
15	51.870	3.60
14	48.270	3.60
13	44.670	3.60
12	41.070	3.60
11	37.470	3.60
10	33.870	3.60
9	30.270	3.60
8	26.670	3.60
7	23.070	3.60
6	19.470	3.60
5	15.870	3.60
4	12.270	3.60
3	8.670	3.60
2	4.470	4.20
1	-0.030	4.50
-1	-4.530	4.50
-2	-9.030	4.50
层号	标高 (m)	层高 (m)
结 构 层	结构层楼面标高 层　高	

板带集中标注的具体内容为:板带编号、板带厚及板带宽和贯通纵筋。

板带编号应符合表 2-18 的规定。

表 2-18　板带编号

板带类型	代号	序号	跨数及有无悬挑
柱上板带	ZSB	××	(××)、(××A)或(××B)
跨中板带	KZB	××	(××)、(××A)或(××B)

注:①跨数按柱网轴线计算(两相邻柱轴线之间为一跨);②(××A)为一端有悬挑,(××B)为两端有悬挑,悬挑不计入跨数。

板带厚注写为 $h=×××$,板带宽注写为 $b=×××$。当无梁楼盖整体厚度和板带宽度已在图中注明时,此项可不注。

贯通纵筋按板带下部和板带上部分别注写,并以"B"代表下部,"T"代表上部,"B&T"代表下部和上部。当采用放射配筋时,设计者应注明配筋间距的度量位置,必要时补绘配筋平面图。

设计与施工应注意:相邻等跨板带上部贯通纵筋应在跨中 1/3 净跨长范围内连接;当同向连续板带的上部贯通纵筋配置不同时,应将配置较大者越过其标注的跨数终点或起点伸至相邻跨的跨中连接区域连接。

设计应注意板带中间支座两侧上部贯通纵筋的协调配置,施工及预算应按具体设计和相应标准构造要求实施。等跨与不等跨板上部贯通纵筋的连接构造要求见相关标准构造详图;当具体工程对板带上部纵向钢筋的连接有特殊要求时,其连接部位及方式应由设计者注明。

2)当局部区域的板面标高与整体不同时,应在无梁楼盖的板平法施工图上注明板面标高高差及分布范围。

(3)板带支座原位标注。

1)板带支座原位标注的具体内容为:板带支座上部非贯通纵筋。

以一段与板带同向的中粗实线段代表板带支座上部非贯通纵筋;对柱上板带,实线段贯穿柱上区域绘制;对跨中板带,实线段横贯柱网轴线绘制。在线段上注写钢筋编号(例如①、②等)、配筋值及在线段的下方注写自支座中线向两侧跨内的伸出长度。

当板带支座非贯通纵筋自支座中线向两侧对称伸出时,其伸出长度可仅在一侧标注;当配置在有悬挑端的边柱上时,该筋伸出到悬挑尽端,设计不注。当支座上部非贯通纵筋呈放射分布时,设计者应注明配筋间距的定位位置。

不同部位的板带支座上部非贯通纵筋相同者,可仅在一个部位注写,其余则在代表非贯通纵筋的线段上注写编号。

2)当板带上部已经配有贯通纵筋,但需增加配置板带支座上部非贯通纵筋时,应结合已配同向贯通纵筋的直径与间距,采取"隔一布一"的方式配置。

(4)暗梁的表示方法。

1)暗梁平面注写包括暗梁集中标注、暗梁支座原位标注两部分内容。施工图中在柱轴线处画中粗虚线表示暗梁。

2)暗梁集中标注包括暗梁编号、暗梁截面尺寸(箍筋外皮宽度×板厚)、暗梁箍筋、暗梁上部通长筋或架立筋四部分内容。暗梁编号应符合表 2-19 的规定。

表 2-19　暗梁编号

构件类型	代号	序号	跨数及有无悬挑
暗梁	AL	××	(××)、(××A)或(××B)

注:①跨数按柱网轴线计算(两相邻柱轴线之间为一跨);②(××A)为一端有悬挑,(××B)为两端有悬挑,悬挑不计入跨数。

3)暗梁支座原位标注包括梁支座上部纵筋、梁下部纵筋。当在暗梁上集中标注的内容不适用于某跨或某悬挑端时,则将其不同数值标注在该跨或该悬挑端,施工时按原位注写取值。

4)当设置暗梁时,柱上板带及跨中板带标注方式与板带集中标注和板支座原位标注的内容一致。柱上板带标注的配筋仅设置在暗梁之外的柱上板带范围内。

5)暗梁中纵向钢筋连接、锚固及支座上部纵筋伸出长度等要求同轴线处柱上板带中纵向钢筋。

(5)其他。

1)当悬挑板需要考虑竖向地震作用时,设计应注明该悬挑板纵向钢筋抗震锚固长度按何种抗震等级。

2)无梁楼盖板纵向钢筋的锚固和搭接需满足受拉钢筋的要求。

3)无梁楼盖跨中板带上部纵向钢筋在梁端支座的锚固要求:当设计按铰接时,平直段伸至端支座对边后弯折,且平直段长度 $\geqslant 0.35 l_{ab}$,弯折段投影长度 $15d$(d 为纵向钢筋直径);当充分利用钢筋的抗拉强度时,直段伸至端支座对边后弯折,且平直段长度 $\geqslant 0.6 l_{ab}$,弯折段投影长度 $15d$。设计者应在平法施工图中注明采用何种构造,当多数采用同种构造时可在图注中写明,并将少数不同之处在图中注明。

4)无梁楼盖跨中板带支承在剪力墙顶的端节点,当板上部纵向钢筋充分利用钢筋的抗拉强度时(锚固在支座中),直段伸至端支座对边后弯折,且平直段长度 $\geqslant 0H6 l_{ab}$,弯折段投影长度 $15d$;当设计考虑墙外侧竖向钢筋与板上部纵向受力钢筋搭接传力时,应满足搭接长度要求;设计者应在平法施工图中注明采用何种构造,当多数采用同种构造时可在图注中写明,并将少数不同之处在图中注明。

5)板纵向钢筋的连接可采用绑扎搭接、机械连接或焊接。当板纵向钢筋采用非接触方式的绑扎搭接连接时,其搭接部位的钢筋净距不宜小于 30mm,且钢筋中心距不应大于 $0.2 l_1$ 及 150mm 的较小者。非接触搭接使混凝土能够与搭接范围内所有钢筋的全表面充分粘接,可以提高搭接钢筋之间通过混凝土传力的可靠度。

6)上述关于无梁楼盖的板平法制图规则,同样适用于地下室内无梁楼盖的平法施工图设计。

7)采用平面注写方式表达的无梁楼盖柱上板带、跨中板带及暗梁标注如图 2-65 所示。

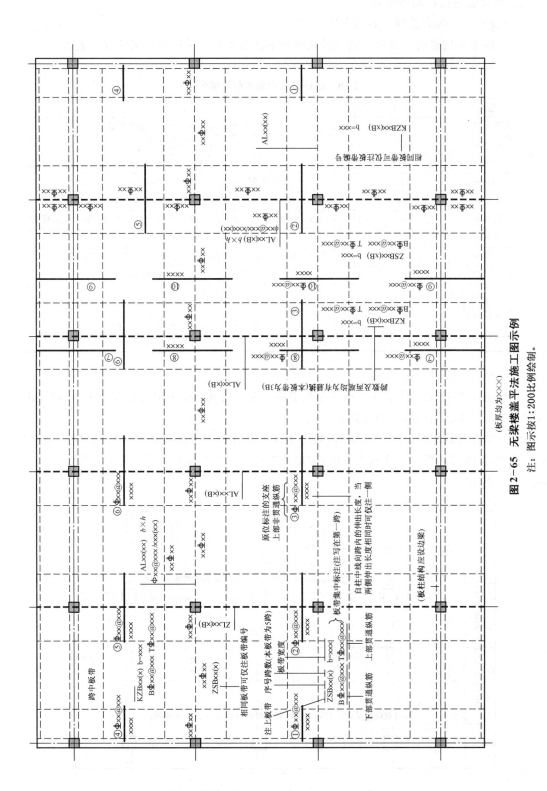

图 2-65 无梁楼盖平法施工图示例

注：图示按1:200比例绘制。

3. 楼板相关构造制图规则

(1)楼板相关构造类型与表示方法。

1)楼板相关构造的平法施工图设计是在板平法施工图上采用直接引注方式表达。

2)楼板相关构造编号应符合表 2-20 的规定。

表 2-20　楼板相关构造类型与编号

构造类型	代号	序号	说明
纵筋加强带	JQD	××	以单向加强纵筋取代原位置配筋
后浇带	HJD	××	有不同的留筋方式
柱帽	ZMX	××	适用于无梁楼盖
局部升降板	SJB	××	板厚及配筋与所在板相同;构造升降高度≤300
板加腋	JY	××	腋高与腋宽可选注
板开洞	BD	××	最大边长或直径＜1000;加强筋长度有全跨贯通和自洞边锚固两种
板翻边	FB	××	翻边高度≤300
角部加强筋	Crs	××	以上部双向非贯通加强钢筋取代原位置的非贯通配筋
悬挑板阴角附加筋	Cis	××	板悬挑阴角上部斜向附加钢筋
悬挑板阳角放射筋	Ces	××	板悬挑阳角上部放射筋
抗冲切箍筋	Rh	××	通常用于无柱帽无梁楼盖的柱顶
抗冲切弯起筋	Rb	××	

(2)楼板相关构造直接引注。

1)纵筋加强带 JQD 的引注。纵筋加强带的平面形状及定位由平面布置图表达,加强带内配置的加强贯通纵筋等由引注内容表达。

纵筋加强带设单向加强贯通纵筋,取代其所在位置板中原配置的同向贯通纵筋。根据受力需要,加强贯通纵筋可在板下部配置,也可在板下部和上部均设置。纵筋加强带的引注如图 2-66 所示。

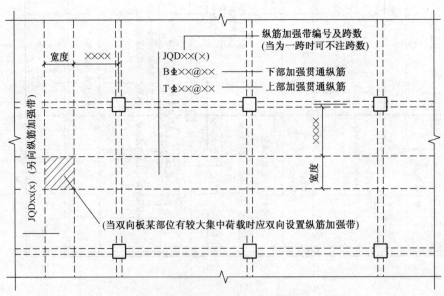

图 2-66　纵筋加强带 JQD 引注图示

当板下部和上部均设置加强贯通纵筋,而板带上部横向无配筋时,加强带上部横向配筋应由设计者注明。

当将纵筋加强带设置为暗梁型式时应注写箍筋,其引注如图 2-67 所示。

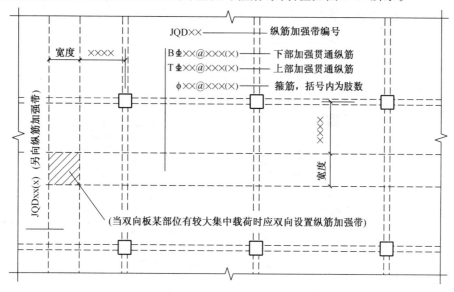

图 2-67　纵筋加强带 JQD 引注图示(暗梁形式)

2)后浇带 HJD 的引注。后浇带的平面形状以及定位由平面布置图表达,后浇带留筋方式等由引注内容表达。包括:

①后浇带编号以及留筋方式代号。后浇带的两种留筋方式分别为:贯通和 100%搭接。

②后浇混凝土的强度等级 C××。宜采用补偿收缩混凝土,设计应注明相关施工要求。

③当后浇带区域留筋方式或后浇混凝土强度等级不一致时,设计者应在图中注明与图示不一致的部位及做法。

后浇带引注如图 2-68 所示。

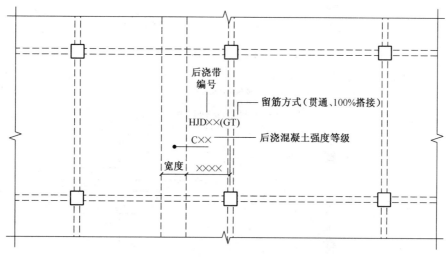

图 2-68　后浇带 HJD 引注图示

贯通钢筋的后浇带宽度通常取大于或等于 800mm;100%搭接钢筋的后浇带宽度通常

取 800mm 与(l_l＋60 或 l_{lE}＋60)的较大值(l_l、l_{lE}分别为受拉钢筋搭接长度、受拉钢筋抗震搭接长度。)

3)柱帽 ZM× 的引注如图 2-69～图 2-72 所示。柱帽的平面形状包括矩形、圆形或多边形等,其平面形状由平面布置图表达。

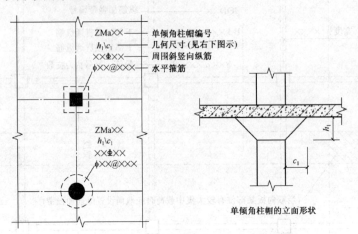

图 2-69　单倾角柱帽 ZMa 引注图示

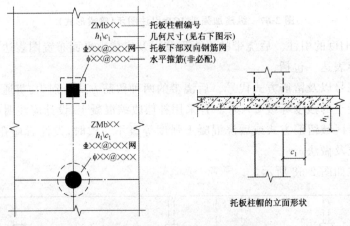

图 2-70　托板柱帽 ZMb 引注图示

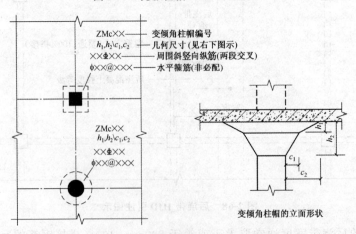

图 2-71　变倾角柱帽 ZMc 引注图示

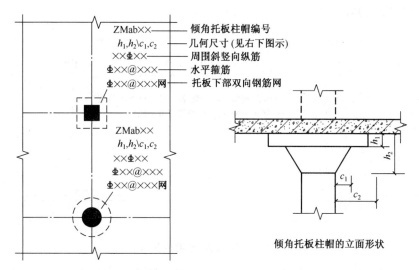

图 2-72　倾角托板柱帽 ZMab 引注图示

柱帽的立面形状有单倾角柱帽 ZMa(图 2-69)、托板柱帽 ZMb(图 2-70)、变倾角柱帽 ZMc(图 2-71)和倾角托板柱帽 ZMab(图 2-72)等,其立面几何尺寸和配筋由具体的引注内容表达。图中 c_1、c_2 当 X、Y 方向不一致时,应标注$(c_{1,X},c_{1,Y})$、$(c_{2,X},c_{2,Y})$。

4)局部升降板 SJB 的引注如图 2-73 所示。局部升降板的平面形状及定位由平面布置图表达,其他内容由引注内容表达。

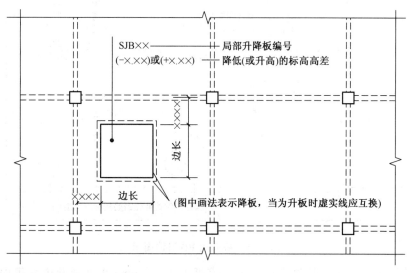

图 2-73　局部升降板 SJB 引注图示

局部升降板的板厚、壁厚和配筋,在标准构造详图中取与所在板块相同的板厚和配筋,设计不注;当采用不同板厚、壁厚和配筋时,设计应补充绘制截面配筋图。

局部升降板升高与降低的高度,在标准构造详图中限定为小于或等于 300mm;当高度大于 300mm 时,设计应补充绘制截面配筋图。

设计应注意:局部升降板的下部与上部配筋均应设计为双向贯通纵筋。

5)板加腋 JY 的引注如图 2-74 所示。板加腋的位置与范围由平面布置图表达,腋宽、腋高及配筋等由引注内容表达。

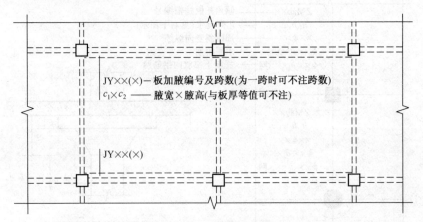

图 2-74　板加腋 JY 引注图示

当为板底加腋时,腋线应为虚线,当为板面加腋时,腋线应为实线;当腋宽与腋高同板厚时,设计不注。加腋配筋按标准构造,设计不注;当加腋配筋与标准构造不同时,设计应补充绘制截面配筋图。

6)板开洞 BD 的引注如图 2-75 所示。板开洞的平面形状及定位由平面布置图表达,洞的几何尺寸等由引注内容表达。

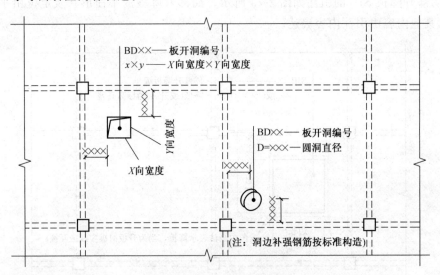

图 2-75　板开洞 BD 引注图示

当矩形洞口边长或圆形洞口直径小于或等于 1 000mm,并且当洞边无集中荷载作用时,洞边补强钢筋可按标准构造的规定设置,设计不注;当洞口周边加强钢筋不伸至支座时,应在图中画出所有加强钢筋,并且标注不伸至支座的钢筋长度。当具体工程所需要的补强钢筋与标准构造不同时,设计应加以注明。

当矩形洞口边长或圆形洞口直径大于 1 000mm,或虽小于或等于 1 000mm 但是洞边有集中荷载作用时,设计应根据具体情况采取相应的处理措施。

7)板翻边 FB 的引注如图 2-76 所示。板翻边可为上翻也可为下翻,翻边尺寸等在引注内容中表达,翻边高度在标准构造详图中为小于或等于 300mm。当翻边高度大于 300mm 时,由设计者自行处理。

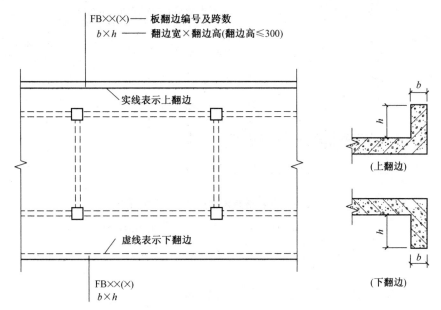

图 2-76　板翻边 FB 引注图示

8)角部加强筋 Crs 的引注如图 2-77 所示。角部加强筋一般用于板块角区的上部,根据规范规定的受力要求选择配置。角部加强筋将在其分布范围内取代原配置的板支座上部非贯通纵筋,且当其分布范围内配有板上部贯通纵筋时则间隔布置。

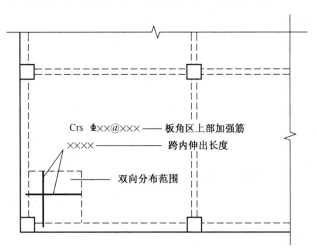

图 2-77　角部加强筋 Crs 引注图示

9)悬挑板阴角附加筋 Cis 的引注见图 2-78。悬挑板阴角附加筋系指在悬挑板的阴角部位斜放的附加钢筋,该附加钢筋设置在板上部悬挑受力钢筋的下面。

10)悬挑板阳角附加筋 Ces 的引注如图 2-79 所示。

11)抗冲切箍筋 Rh 的引注如图 2-80 所示。抗冲切箍筋一般在无柱帽无梁楼盖的柱顶部位设置。

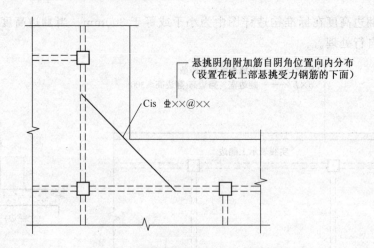

图 2-78 悬挑板阴角附加筋 Cis 引注图示

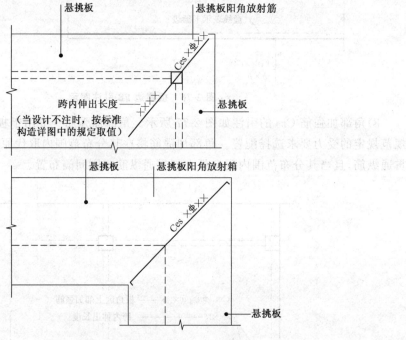

图 2-79 悬挑板阳角附加筋 Ces 引注图示

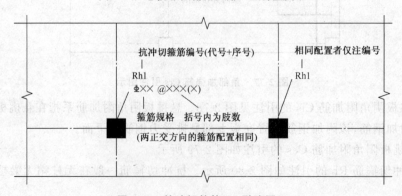

图 2-80 抗冲切箍筋 Rh 引注图示

12)抗冲切弯起筋 Rb 的引注如图 2-81 所示。抗冲切弯起筋一般也在无柱帽无梁楼盖的柱顶部位设置。

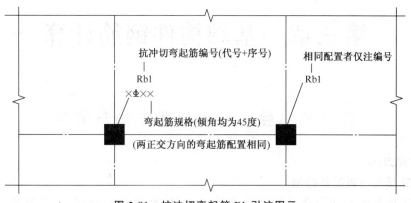

图 2-81　抗冲切弯起筋 Rb 引注图示

第三章 基础构件钢筋计算

第一节 独立基础计算方法与实例

一、计算方法

1. 独立基础底板配筋构造

独立基础底板配筋构造适用于普通独立基础、杯口独立基础,其配筋构造如图 3-1 所示。

(1)X 向钢筋。

$$长度 = x - 2c$$

$$根数 = [y - 2 \times \min(75, s'/2)]/s' + 1$$

式中,c——钢筋保护层的最小厚度(mm);$\min(75, s'/2)$——X 向钢筋起步距离(mm);s'——X 向钢筋间距(mm)。

(2)Y 向钢筋。

$$长度 = y - 2c$$

$$根数 = [x - 2 \times \min(75, s/2)]/s + 1$$

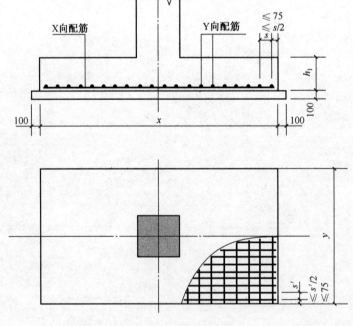

(a)

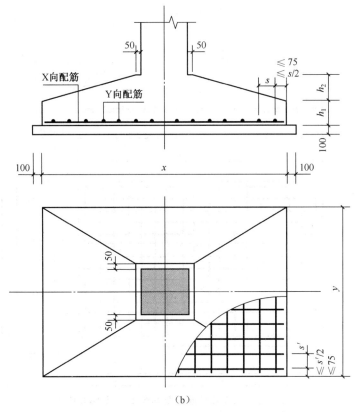

图 3-1　独立基础底板配筋构造

(a)阶形　(b)坡形

式中,c——钢筋保护层的最小厚度(mm);$\min(75, s/2)$——Y 向钢筋起步距离(mm);s——Y 向钢筋间距(mm)。

除此之外,也可看出,独立基础底板双向交叉钢筋布置时,短向设置在上,长向设置在下。

2. 独立基础底板配筋长度缩减 10% 的构造

(1)对称独立基础构造。底板配筋长度缩减 10% 的对称独立基础构造如图 3-2 所示。

当对称独立基础底板的长度不小于 2500mm 时,各边最外侧钢筋不缩减;除了外侧钢筋外,两项其他底板配筋可以缩减 10%,即取相应方向底板长度的 0.9 倍。因此,可得出下列计算公式:

$$外侧钢筋长度 = x - 2c \text{ 或 } y - 2c$$
$$其他钢筋长度 = 0.9x \text{ 或 } 0.9y$$

式中,c——钢筋保护层的最小厚度(mm)。

(2)非对称独立基础。底板配筋长度缩减 10% 的非对称独立基础构造如图 3-3 所示。

当非对称独立基础底板的长度不小于 2500mm 时,各边最外侧钢筋不缩减;对称方向(图中 Y 向)中部钢筋长度缩减 10%;非对称方向(图中 X 向):当基础某侧从柱中心至基础底板边缘的距离小于 1250mm 时,该侧钢筋不缩减;当基础某侧从柱中心至基础底板边缘的距离不小于 1250mm 时,该侧钢筋隔一根缩减一根。因此,可得出以下计算公式:

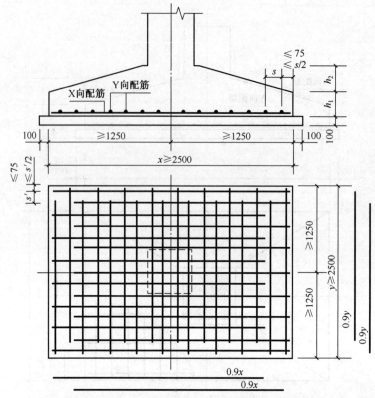

图 3-2　对称独立基础底板配筋长度缩减 10% 构造

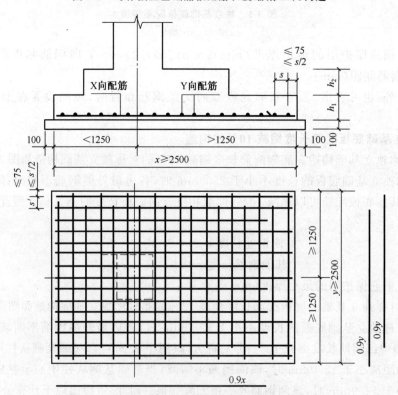

图 3-3　非对称独立基础底板配筋长度缩减 10% 构造

$$外侧钢筋(不缩减)长度 = x - 2c \ 或 \ y - 2c$$
$$对称方向中部钢筋长度 = 0.9y$$

非对称方向,

$$中部钢筋长度 = x - 2c$$

在缩减时,

$$中部钢筋长度 = 0.9y$$

式中,c——钢筋保护层的最小厚度(mm)。

3. 双柱普通独立基础底部与顶部配筋构造

(1)双柱普通独立基础底板的截面形状,可为阶形截面 DJ_J 或坡形截面 DJ_P,其配筋构造如图 3-4 所示。

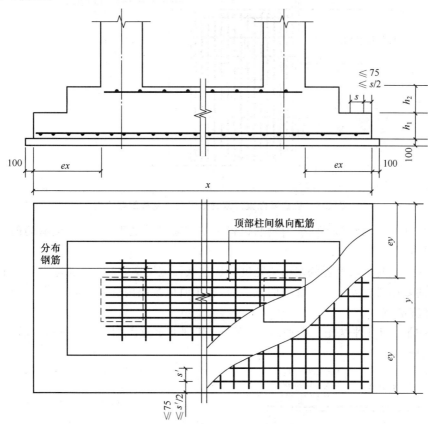

图 3-4 双柱普通独立基础底部与顶部配筋构造

1)纵向受力筋。

①布置在柱宽度范围内纵向受力筋

$$长度 = 柱内侧边起算 + 两端锚固$$

②布置在柱宽度范围以外的纵向受力筋

$$长度 = 柱中心线起算 + 两端锚固$$

根数由设计标注。

2)横向分布筋。

长度 = 纵向受力筋布置范围长度 + 两端超出受力筋外的长度(取构造长度 150mm)

横向分布筋根数在纵向受力筋的长度范围布置,起步距离取"分布筋间距/2"。

(2)设置基础梁的双柱普通独立基础配筋构造如图 3-5 所示。

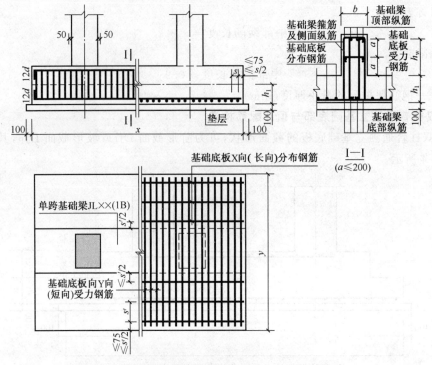

图 3-5　设置基础梁的双柱普通独立基础配筋构造

1)双柱独立基础底部短向受力钢筋设置于基础梁纵筋之下,与基础梁箍筋的下水平段位于同一层面。

2)双柱独立基础所设置的基础梁宽度宜比柱截面宽度宽≥100mm(每边≥50mm)。当具体设计的基础梁宽度小于柱截面的宽度时,施工时应按照构造规定增设梁包柱侧腋。

二、计算实例

【例 3-1】　DJ_J1 平法施工图如图 3-6 所示,其剖面示意图如图 3-7 所示。求 DJ_J1 的 X 向、Y 向钢筋。

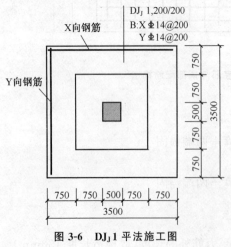

图 3-6　**DJ_J1 平法施工图**

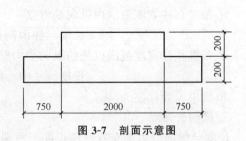

图 3-7　剖面示意图

解　①X 向钢筋

$$长度=x-2c$$
$$=3500-2\times40$$
$$=3420(mm)$$

$$根数=[y-2\times\min(75,s/2)]/s+1$$
$$=(3500-2\times75)/200+1$$
$$=18(根)$$

②Y 向钢筋

$$长度=y-2c$$
$$=3500-2\times40$$
$$=3420(mm)$$

$$根数=[y-2\times\min(75,s/2)]/s+1$$
$$=(3500-2\times75)/200+1$$
$$=18(根)$$

【**例 3-2**】　DJ_P2 平法施工图如图 3-8 所示,其钢筋示意图如图 3-9 所示。求 DJ_P2 的 X 向、Y 向钢筋。

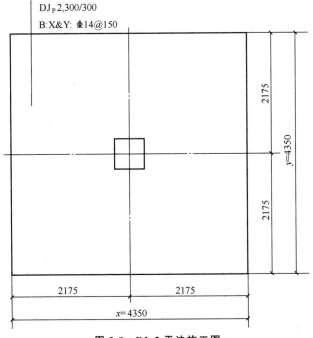

图 3-8　DJ_P2 平法施工图

解　DJ_P2 为正方形,X 向钢筋与 Y 向钢筋完全相同,本例中以 X 向钢筋为例进行计算。

①外侧钢筋长度$=x-2c$
$$=4350-2\times40$$
$$=4270(mm)$$

②外侧钢筋根数$=2$(根)(注:一侧一根)

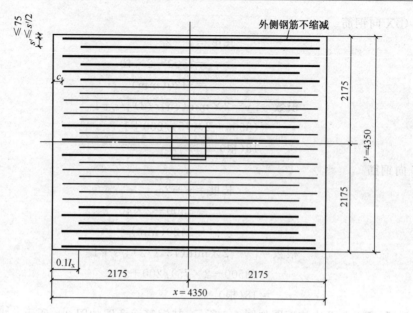

图 3-9 DJ$_P$2 钢筋示意图

③X 向其余钢筋长度 $= x - c - 0.1l_x$

$$= 4350 - 40 - 0.1 \times 4350$$

$$= 3875 (\text{mm})$$

④X 向其余钢筋根数 $= [y - 2 \times \min(75, s/2)]/s - 1$

$$= (4350 - 2 \times 75)/150 - 1$$

$$= 27 (\text{根})$$

【例 3-3】 DJ$_P$3 平法施工图如图 3-10 所示,其钢筋示意图如图 3-11 所示。求 DJ$_P$3 的 X 向钢筋。

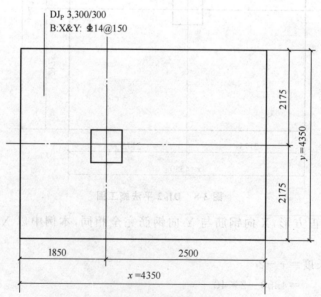

图 3-10 DJ$_P$3 平法施工图

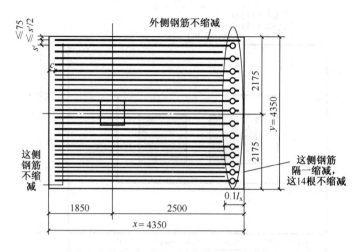

图 3-11　DJ$_P$3 钢筋示意图

解　本例 Y 向钢筋与上例 DJ$_P$2 完全相同,以下讲解 X 向钢筋的计算。

①外侧钢筋长度=$x-2c$

$$=4350-2\times40$$
$$=4270(mm)$$

②外侧钢筋根数=2 根(一侧一根)

③其余钢筋(两侧均不缩减)长度=$x-2c$

$$=4350-2\times40$$
$$=4270(mm)$$

④其余钢筋根数=$\{[y-2\times\min(75,s/2)]/s-1\}/2$

$$=\{(4350-2\times75)/150-1\}/2$$
$$=14(根)(注:右侧隔一缩减)$$

⑤其余钢筋(右侧缩减)长度=$x-c-0.1l_x$

$$=4350-40-0.1\times4350$$
$$=3875(mm)$$

⑥其余钢筋根数=14-1

$$=13(根)(注:因为隔一缩减,所以比另一种少一根)$$

【例 3-4】　DJ$_P$4 平法施工图如图 3-12 所示,混凝土强度为 C30。其钢筋示意图如图 3-13 所示。求出 DJ$_P$4 的顶部钢筋及分布筋。

解　①1 号筋长度=柱内侧边起算+两端锚固 l_a

$$=200+2\times35d$$
$$=200+2\times35\times16$$
$$=1320(mm)$$

②1 号筋根数=(柱宽-两侧起距离)/100+1

$$=(500-50\times2)/100+1$$
$$=5(根)$$

③2 号筋长度=柱中心线起算+两端锚固 l_a

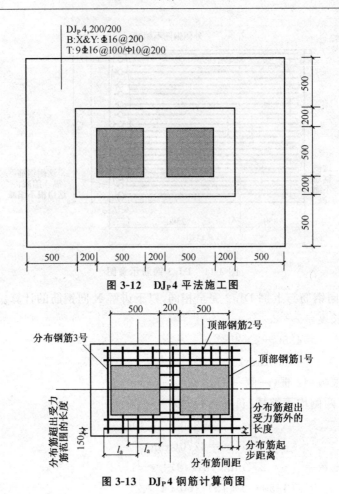

图 3-12　DJ$_P$4 平法施工图

图 3-13　DJ$_P$4 钢筋计算简图

$$=250+200+250+2\times35d$$
$$=250+200+250+2\times35\times16$$
$$=1820(\text{mm})$$

④2 号筋根数=总根数-5

$$=9-5$$

$$=4(\text{根})$$

⑤分布筋长度（3 号筋）=纵向受力筋布置范围长度+两端超出受力筋外的长度

（此值取构造长度 150mm）=（500+2×150）+2×150

$$=1100(\text{mm})$$

⑥分布筋根数=（1820-2×100）/200+1=10（根）

第二节　条形基础计算方法与实例

一、计算方法

1. 基础梁纵向钢筋构造

基础梁纵向钢筋构造如图 3-14 所示。

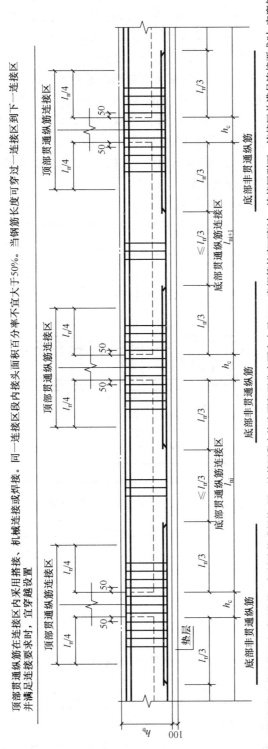

图 3-14　基础梁纵向钢筋与箍筋构造

（1）顶部贯通纵筋连接区为自柱边缘向跨延伸 $l_n/4$ 范围内。

（2）基础梁底部配置非贯通纵筋不多于两排时，其延伸长度为自柱边向跨内伸出至 $l_n/3$ 位置；当非贯通纵筋配置多于两排时，从第三排起向跨内的伸出长度值应由设计者注明。l_n 的取值规定为：边跨边支座的底部非贯通纵筋，l_n 取本边跨的净跨长度值；对于中间支座的底部非贯通纵筋，l_n 取支座两边较大一跨的净跨长度值。

（3）底部除非贯通纵筋连接区外的区域为贯通纵筋的连接区。

（4）顶部贯通纵筋在连接区内采用搭接、机械连接或焊接，同一连接区段内接头面积百分率不宜大于 50%。当钢筋长度可穿过一连接区到下一连接区并满足连接要求时，宜穿越设置。

（5）底部贯通纵筋在连接区内采用搭接、机械连接或焊接，同一连接区段内接头面积百分率不宜大于 50%。当钢筋长度可穿过一连接区到下一连接区并满足连接要求时，宜穿越设置。

2. 基础梁端部与外伸部位钢筋构造

（1）梁板式筏形基础梁端部钢筋构造。

1）梁板式筏形基础梁端部等截面外伸钢筋构造，如图 3-15 所示。

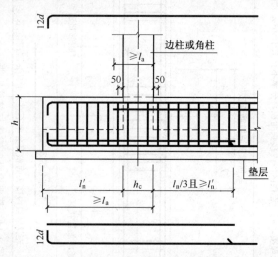

图 3-15　梁板式筏形基础梁端部等截面外伸钢筋构造

①梁顶部上排贯通纵筋伸至尽端内侧弯折 $12d$；顶部下排贯通纵筋不伸入外伸部位。

②梁底部上排非贯通纵筋伸至端部截断；底部下排非贯通纵筋伸至尽端内侧弯折 $12d$，从支座中心线向跨内的延伸长度为 $l_n/3+h_c+2$。

③梁底部贯通纵筋伸至尽端内侧弯折 $12d$。当从柱内边算起的梁端部外伸长度不满足直锚要求时，基础梁下部钢筋应伸至端部后弯折，且从柱内边算起水平段长度 $\geqslant 6l_{ab}$，弯折段长度 $15d$。

2）梁板式筏形基础梁端部变截面外伸钢筋构造，如图 3-16 所示。

①梁顶部上排贯通纵筋伸至尽端内侧弯折 $12d$；顶部下排贯通纵筋不伸入外伸部位。

②梁底部上排非贯通纵筋伸至端部截断；底部下排非贯通纵筋伸至尽端内侧弯折 $12d$，从支座中心线向跨内的延伸长度为 $l_n/3+h_c/2$。

③梁底部贯通纵筋伸至尽端内侧弯折 $12d$。当从柱内边算起的梁端部外伸长度不满足直锚要求时，基础梁下部钢筋应伸至端部后弯折，且从柱内边算起水平段长度 $\geqslant 0.6l_{ab}$，弯

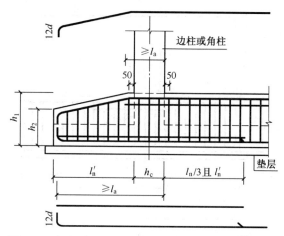

图 3-16 梁板式筏形基础梁端部变截面外伸钢筋构造

折段长度 15d。

3)梁板式筏形基础梁端部无外伸钢筋构造,如图 3-17 所示。

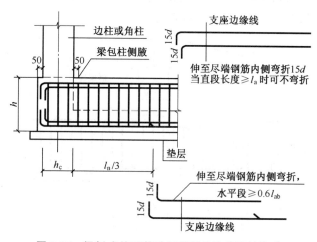

图 3-17 梁板式筏形基础梁端部无外伸钢筋构造

①梁顶部贯通纵筋伸至尽端内侧弯折 15d;从柱内侧起,伸入端部且水平段≥0.6l_{ab}(顶部单排/双排钢筋构造相同)。

②梁底部非贯通纵筋伸至尽端内侧弯折 15d;从柱内侧起,伸入端部且水平段≥0.6l_{ab},从支座中心线向跨内的延伸长度为 $l_n/3+h_c/2$。

③梁底部贯通纵筋伸至尽端内侧弯折 15d;从柱内侧起,伸入端部且水平段≥0.6l_{ab}。

(2)条形基础梁端部钢筋构造。

1)条形基础梁端部等截面外伸钢筋构造,如图 3-18 所示。

①梁顶部上排贯通纵筋伸至尽端内侧弯折 12d;顶部下排贯通纵筋不伸入外伸部位。

②梁底部下排非贯通纵筋伸至尽端内侧弯折 12d;从支座中心线向跨内的延伸长度为 $h_c/2+l_n'$。

③梁底部贯通纵筋伸至尽端内侧弯折 12d。

注:当从柱内边算起的梁端部外伸长度不满足直锚要求时,基础梁下部钢筋应伸至端部

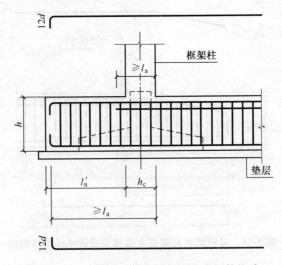

图 3-18　条形基础梁端部等截面外伸钢筋构造

后弯折,且从柱内边算起水平段长度 $\geqslant 0.6 l_{ab}$,弯折段长度 $15d$。

　　2)条形基础梁端部变截面外伸钢筋构造,如图 3-19 所示。

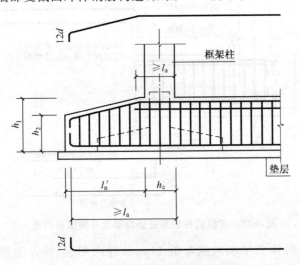

图 3-19　条形基础梁端部等截面外伸钢筋构造

　　①梁顶部上排贯通纵筋伸至尽端内侧弯折 $12d$;顶部下排贯通纵筋不伸入外伸部位。

　　②梁底部下排非贯通纵筋伸至尽端内侧弯折 $12d$;从支座中心线向跨内的延伸长度为 $h_c/2 + l_n'$。

　　③梁底部贯通纵筋伸至尽端内侧弯折 $12d$。当从柱内边算起的梁端部外伸长度不满足直锚要求时,基础梁下部钢筋应伸至端部后弯折,且从柱内边算起水平段长度 $\geqslant 0.6 l_{ab}$,弯折段长度 $15d$。

　　3. 基础梁配置两种箍筋构造

　　基础梁配置两种箍筋时,构造如图 3-20 所示。

　　4. 基础梁竖向加腋钢筋构造

　　基础梁竖向加腋钢筋构造如图 3-21 所示。

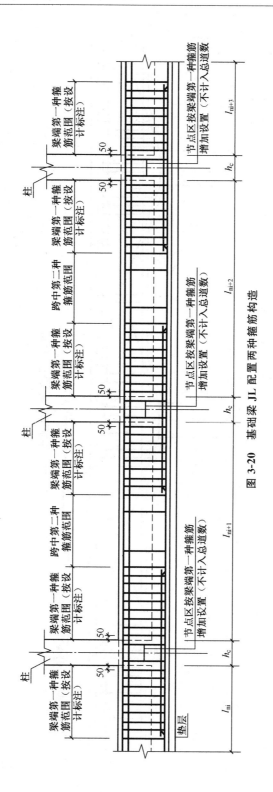

图 3-20 基础梁 JL 配置两种箍筋构造

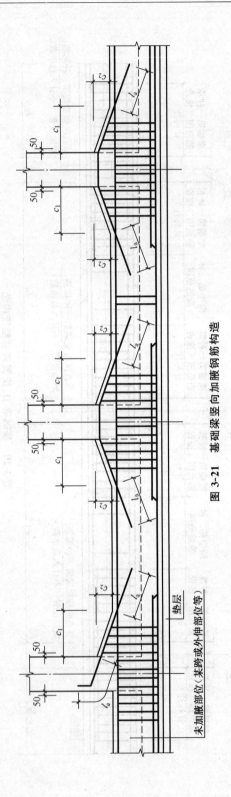

图 3-21　基础梁竖向加腋钢筋构造

（1）基础梁竖向加腋筋规格，若施工图未注明，则同基础梁顶部纵筋；若施工图有标注，则按其标注规格。

（2）基础梁竖向加腋筋，长度为锚入基础梁内 l_a，根数为基础梁顶部第一排纵筋根数－1。

5. 基础梁变截面部位钢筋构造

基础梁变截面部位构造包括以下几种情况。

（1）梁底有高差。梁底有高差时，变截面部位钢筋构造，如图 3-22 所示。

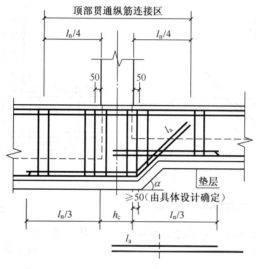

图 3-22　梁底有高差

梁底面标高低的梁底部钢筋斜伸至梁底面标高高的梁内，锚固长度为 l_a；梁底面标高高的梁底部钢筋锚固长度 $\geqslant l_a$ 截断即可。

（2）梁底、梁顶均有高差。

1）梁顶部钢筋构造。当梁底、梁顶均有高差时，梁底面标高高的梁顶部第一排纵筋伸至尽端，弯折长度自梁底面标高低的梁顶部算起 l_a，顶部第二排纵筋伸至尽端钢筋内侧，弯折长度 15d，当直锚长度 $\geqslant l_a$ 时可不弯折，梁底面标高低的梁顶部纵筋锚入长度 $\geqslant l_a$ 截断即可，如图 3-23 所示。

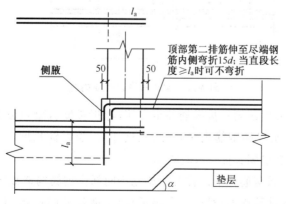

图 3-23　梁底、梁顶均有高差构造（梁顶部钢筋）

2)梁底部钢筋构造。当梁底、梁顶均有高差时,梁底面标高高的梁底部钢筋锚入梁内长度≥l_a截断即可;梁底面标高低的底部钢筋斜伸至梁底面标高高的梁内,锚固长度为l_a,如图3-24所示。

上述构造既适用于条形基础又适用于筏形基础,除此之外,当梁底、梁顶均有高差时,还有一种只适用于条形基础的构造,如图3-25所示。

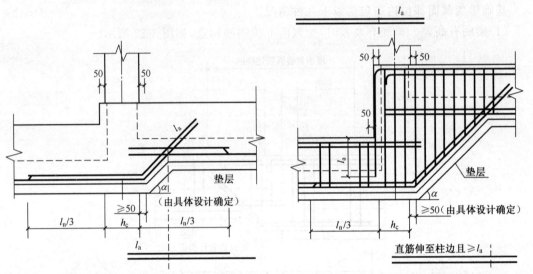

图3-24　梁底、梁顶均有高差钢筋构造(梁底部钢筋)　　图3-25　梁底、梁顶均有高差钢筋构造(仅适用于条形基础)

(3)梁顶有高差。梁顶有高差时,变截面部位钢筋构造如图3-26所示。

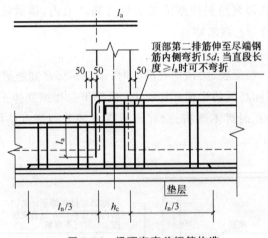

图3-26　梁顶有高差钢筋构造

梁顶面标高高的梁顶部第一排纵筋伸至尽端,弯折长度自梁顶面标高低的梁顶部算起l_a,顶部第二排纵筋伸至尽端钢筋内侧,弯折长度$15d$,当直锚长度≥l_a时可不弯折。梁顶面标高低的梁上部纵筋锚固长度≥l_a截断即可。

(4)柱两边梁宽不同钢筋构造。柱两边梁宽不同部位钢筋构造如图3-27所示。宽出部位梁的上、下部第一排纵筋连通设置;在宽出部位,不能连通的钢筋,上、下部第二排纵筋伸

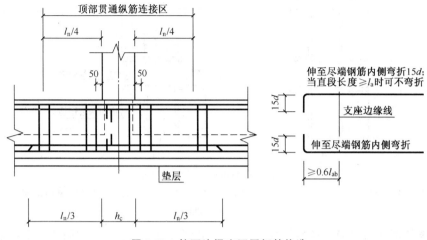

图 3-27 柱两边梁宽不同钢筋构造

至尽端钢筋内侧,弯折长度 $15d$,当直锚长度 $\geqslant l_a$ 时,可不弯折。

6. 基础梁侧面构造纵筋和拉筋

基础梁侧面构造纵筋和拉筋如图 3-28 所示。

基础梁 $h_w \geqslant 450mm$ 时,梁的两个侧面应沿高度配置纵向构造钢筋,纵向构造钢筋间距为 $a \leqslant 200mm$;侧面构造纵筋能贯通就贯通,不能贯通则取锚固长度值为 $15d$,如图 3-28、图 3-29 所示。

梁侧钢筋的拉筋直径除注明者外均为 $8mm$,间距为箍筋间距的 2 倍。当设有多排拉筋时,上下两排拉筋竖向错开设置。

基础梁侧面纵向构造钢筋搭接长度为 $15d$。

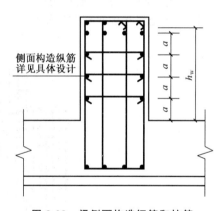

图 3-28 梁侧面构造钢筋和拉筋

十字相交的基础梁,当相交位置有柱时,侧面构造纵筋锚入梁包柱侧腋内 $15d$,如图 3-29(a)所示;当无柱时侧面构造纵筋锚入交叉梁内 $15d$,如图 3-29(d)所示。丁字相交的基础梁,当相交位置无柱时,横梁外侧的构造纵筋应贯通,横梁内侧的构造纵筋锚入交叉梁内 $15d$,如图 3-29(e)所示。

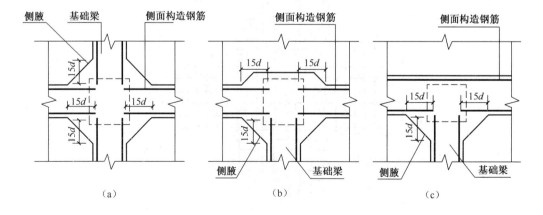

(a)   (b)   (c)

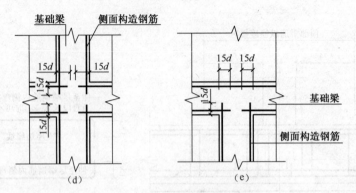

图 3-29　侧面纵向钢筋锚固要求

(a)十字相交基础梁,相交位置有柱　(b)、(c)丁字相交基础梁,相交位置有柱　(d)十字相交基础梁,相交位置无柱

(e)丁字相交的基础梁,相交位置无柱

基础梁侧面受扭纵筋的搭接长度为 l_1,其锚固长度为 l_a,锚固方式同梁上部纵筋。

7. 条形基础底板配筋构造

(1)条形基础底板配筋构造。

1)十字交接基础底板配筋构造如图 3-30 所示。

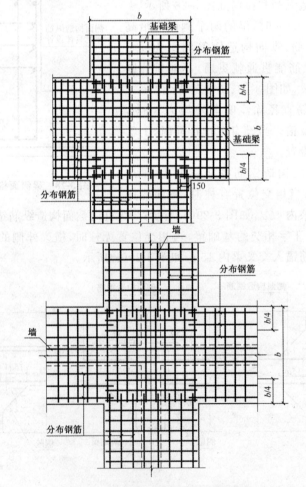

图 3-30　十字交接基础底板配筋构造

①十字交接时,一向受力筋贯通布置,另一向受力筋在交接处伸入 $b/4$ 范围布置。

②配置较大的受力筋贯通布置。

③分布筋在梁宽范围内不布置。

2)丁字交接基础底板配筋构造如图 3-31 所示。

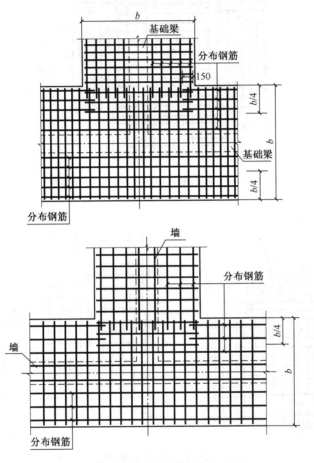

图 3-31 丁字交接基础底板配筋构造

①丁字交接时,丁字横向受力筋贯通布置,丁字竖向受力筋在交接处伸入 $b/4$ 范围布置。

②分布筋在梁宽范围内不布置。

3)转角梁板端部均有纵向延伸构造如图 3-32 所示。

①一向受力钢筋贯通布置。

②另一向受力钢筋在交接处伸出 $b/4$ 范围内布置。

③网状部位受力筋与另一向分布筋搭接为 150mm。

④分布筋在梁宽范围内不布置。

4)转角梁板端部无纵向延伸构造如图 3-33 所示。

①交接处,两向受力筋相互交叉已经形成钢筋网,分布筋则需要切断,与另一方向受力筋搭接长度为 150mm。

②分布筋在梁宽范围内不布置。

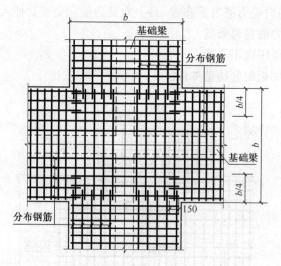

图 3-32 转角梁板端部均有纵向延伸构造

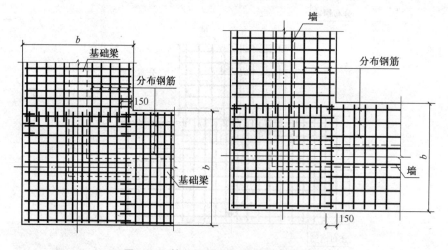

图 3-33 转角梁板端部无纵向延伸构造

5) 条形基础端部无交接底板, 另一向为基础连梁 (没有基础底板), 钢筋构造如图 3-34 所示。

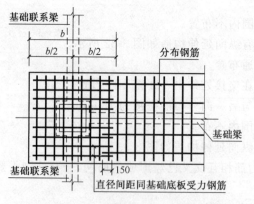

图 3-34 条形基础无交接底板端部配筋构造

端部无交接底板,受力筋在端部 b 范围内相互交叉,分布筋与受力筋搭接 150mm。

(2)条形基础底板配筋长度减短10%构造。

条形基础底板配筋长度减短10%构造如图3-35所示。

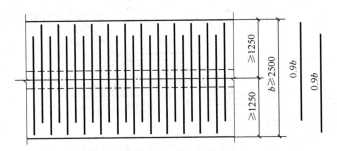

图 3-35 条形基础底板配筋长度减短 10%构造

当条形基础底板≥2500mm 时,底板配筋长度减短 10%交错配置,端部第一根钢筋不应减短。

(3)条形基础板底不平构造。

条形基础底板板底不平钢筋构造如图3-36~图3-38所示。

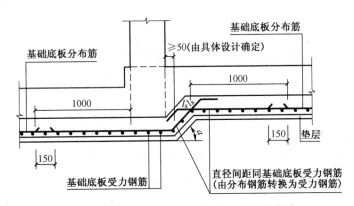

图 3-36 柱下条形基础底板板底不平钢筋构造

(板底高差坡度 α 取 45°或按设计)

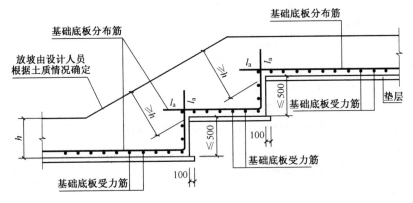

图 3-37 墙下条形基础底板板底不平钢筋构造(一)

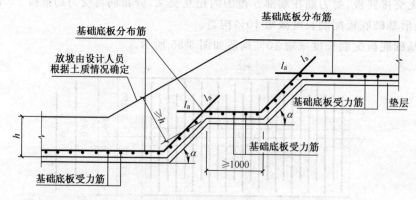

图 3-38　墙下条形基础底板板底不平钢筋构造(二)

(板底高差坡度 α 取 45°或按设计)

图 3-36 中,在柱左方之外 1000mm 的分布筋转换为受力钢筋,在右侧上拐点以右
1 000mm 的分布筋转换为受力钢筋。转换后的受力钢筋锚固长度为 l_a,与原来的分布筋搭
接,搭接长度为 150mm。

图 3-37、图 3-38 中,墙下条形基础底板呈阶梯型上升状,基础底板分布筋垂直上弯,受
力筋于内侧。

二、计算实例

【例 3-5】 JL01 平法施工图如图 3-39 所示,试计算其钢筋量。

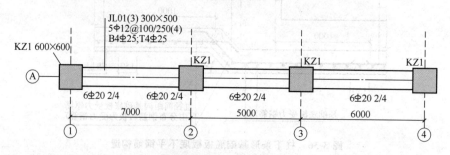

图 3-39　JL01 平法施工图

解　①底部及顶部贯通纵筋计算过程相同

长度＝梁长－保护层×2

　　　＝7000＋5000＋6000＋600－25×2

　　　＝18550(mm)

接头个数＝18550/9000－1＝2(个)

②支座 1、4 底部非贯通纵筋 2Φ25

长度＝自柱中心线向跨内的延伸长度＋柱宽＋梁包柱侧腋－保护层＋15d

　　　＝$l_n/3＋h_c＋50－c＋15d$

　　　＝(7000－600)/3＋600＋50－25＋15×25

　　　＝3034(mm)

③支座 2、3 底部非贯通筋 2Φ25

长度＝2×自柱连缘向跨内的延伸长度＋柱宽

$$=2\times[(7000-600)/3]+600$$

$$=4867(\text{mm})$$

④箍筋长度

外大箍长度$=(300-2\times25)\times2+(500-2\times25)\times2+2\times11.9\times12=1686(\text{mm})$

内小箍筋长度$=[(300-2\times25-25-24)/3+25+24]\times2+(500-2\times25)\times2+2\times11.9\times12=1302(\text{mm})$

⑤第1、3净跨箍筋根数

每边5根间距100的箍筋,两端共10根

跨中箍筋根数$=(7000-600-550\times2)/200-1=26(\text{根})$

总根数$=10+26=36(\text{根})$

⑥第2净跨箍筋根数

每边5根间跨100的箍筋,两端共10根

跨中箍筋根数$=(5000-600-550\times2)/200-1=16(\text{根})$

总根数$=10+16=26(\text{根})$

⑦支座1、2、3、4内箍筋(节点内按跨端第一种箍筋规格布置)

根数$=(600-100)/100+1=6(\text{根})$

四个支座共计:$4\times6=24(\text{根})$

⑧整梁总箍筋根数$=36\times2+26+24=122(\text{根})$

注:计算中出现的"550"是指梁端5根箍筋共500mm宽,再加50mm的起步距离。

【例3-6】　基础梁JL02平法施工图如图3-40所示,试计算其钢筋量。

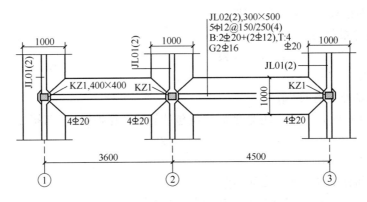

图3-40　JL02平法施工图

解　本例中不计算加腋筋。

①计算参数

保护层厚度$c=25\text{mm}$

$l_a=30d$

梁包柱侧腋$=50\text{mm}$

双肢箍长度计算公式:$(b-2c)\times2+(h-2c)\times2+(1.9d+10d)\times2$

②钢筋计算过程如下:

a. 底部贯通纵筋2⏀20

长度＝(3600＋4500＋200×2＋50×2)－2×25＋2×15×20

　　＝9150(mm)

b. 顶部贯通纵筋 4Φ20

长度＝(3600＋4500＋200×2＋50×2)－2×25＋2×15×20

　　＝9150(mm)

c. 箍筋

外大箍长度＝(300－2×25)×2＋(500－2×25)×2＋2×11.9×12

　　　　＝1686(mm)

内小箍筋长度＝[(300－2×25－20－24)/3＋20＋24]×2＋(500－2×25)×2＋2×

　　　　　11.9×12

　　　　＝1411(mm)

箍筋根数：

第一跨:5×2＋6＝16 根

两端各 5Φ12；

中间箍筋根数＝(3600－200×2－50×2－150×5×2)/250－1

　　　　　＝6 根

第二跨:5×2＋9＝19 根

两端各 5Φ12；

中间箍筋根数＝(4500－200×2－50×2－150×5×2)/250－1

　　　　　＝9 根

节点内箍筋根数＝400/150＝3 根

JL02 箍筋总根数为：

外大箍根数＝15＋19＋3×3＝43 根

内小箍根数＝43 根

d. 底部端部非贯通筋 2Φ20

长度＝延伸长度 l_n/3＋支座宽度 h_c＋梁包柱侧腋－保护层 c＋弯折 15d

　　＝(4500－400)/3＋400＋50－25＋15×20

　　＝2092(mm)

e. 底部中间柱下区域非贯通筋 2Φ20

长度＝2×l_n/3＋h_c＝2×(4500－400)/3＋400

　　＝3134(mm)

f. 底部架立筋 2Φ12

第一跨底部架立筋长度＝(3600－400)－(3600－400)/3－(4500－400)/3＋2×150

　　　　　　　　＝467(mm)

第二跨底部架立筋长度＝(4500－400)－2×[(4500－400)/3]＋2×150

　　　　　　　　＝1067(mm)

拉筋(Φ8)间距为最大箍筋间距的 2 倍

第一跨拉筋根数＝[3600－2×(200＋50)]/500＋1

　　　　　＝8(根)

第二跨拉筋根数＝[4500－2×(200＋50)]/500＋1

　　　　　　　　　＝9(根)

【例 3-7】 基础梁 JL03 平法施工图如图 3-41 所示,求 JL03 的贯通纵筋、非贯通纵筋及箍筋。

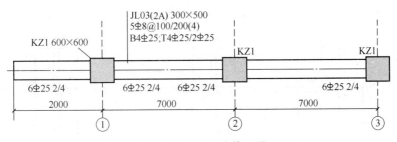

图 3-41　JL03 平法施工图

解　①底部和顶部第一排贯通纵筋 4Φ25

长度＝梁长－2×保护层＋12d＋15d

　　　＝7000×2＋300＋2000－50＋12×25＋15×25

　　　＝16325(mm)

接头个数＝16325/9000－1＝1 个

②支座 1 底部非贯通纵筋 2Φ25

自柱边缘向跨内的延伸长度＝净跨长/3

　　　　　　　　　　　　＝(7000－600)/3

　　　　　　　　　　　　＝2467(mm)

外伸段长度＝左跨净跨长－保护层

　　　　　＝2000－30－25

　　　　　＝1675(mm)

总长度＝自柱边缘向跨内的延伸长度＋外伸段长度＋柱宽

　　　　＝2467＋1675＋600

　　　　＝4742(mm)

③支座 2 底部非贯通筋 2Φ25

长度＝柱宽＋2×自柱边缘向跨内的延伸长度

　　　＝600＋2×[(7000－600)/3]

　　　＝5534(mm)

④支座 3 底部非贯通筋 2Φ25

自柱边缘向跨内的延伸长度＝净跨长/3

　　　　　　　　　　　　＝(7000－600)/3

　　　　　　　　　　　　＝2467(mm)

总长度＝自柱边缘向跨内的延伸长度＋(柱宽－c)＋15d

　　　　＝2467＋600－25＋15×25

　　　　＝3417(mm)

⑤箍筋

见【例 3-5】JL01 计算实例。

【例 3-8】　基础梁 JL04 平法施工图如图 3-42 所示,求 JL04 的贯通纵筋、非贯通纵筋及箍筋。

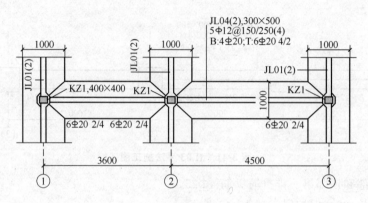

图 3-42　JL04 平法施工图

解　①第一跨底部贯通纵筋 4Φ20

长度＝$3600+(200+50-25+15d)+(200-25+\sqrt{200^2+200^2}+29d)$

　　　＝$3600+(200+50-25+15\times20)+(200-25+\sqrt{200^2+200^2}+29\times20)$

　　　＝$5163(\text{mm})$

②第二跨底部贯通纵筋 4Φ20

长度＝$4500-200+29d+200+50-25+15d$

　　　＝$4500-200+29\times20+200+50-25+15\times20$

　　　＝$5405(\text{mm})$

③第一跨左端底部非贯通纵筋 2Φ20

长度＝$(4500-400)/3+400+50-25+15d$

　　　＝$(4500-400)/3+400+50-25+15\times20$

　　　＝$2092(\text{mm})$

④第一跨右端底部非贯通纵筋 2Φ20

长度＝$(4500-400)/3+400+\sqrt{200^2+200^2}+29d$

　　　＝$(4500-400)/3+400+\sqrt{200^2+200^2}+29\times20$

　　　＝$2630(\text{mm})$

⑤第二跨左端底部非贯通纵筋 2Φ20

长度＝$(4500-400)/3+(29d-200)$

　　　＝$(4500-400)/3+(29\times20d-200)$

　　　＝$1747(\text{mm})$

⑥第二跨右端底部非贯通纵筋 2Φ20

长度＝$(4500-400)/3+400+50-25+15d$

　　　＝$(4500-400)/3+400+50-25+15\times20$

　　　＝$2092(\text{mm})$

⑦第一跨顶部贯通筋 6ϕ20　4/2

长度＝3600＋200＋50－25＋12d－200＋29d

　　　＝3600＋200＋50－25＋12×20－200＋29×20

　　　＝4505(mm)

⑧第二跨顶部第一排贯通筋 4ϕ20

长度＝4500＋(200＋50－25＋15d)＋200＋50－25＋200(高差)＋29d

　　　＝4500＋(200＋50－25＋15×20)＋(200＋50－25＋200＋29×20)

　　　＝6030(mm)

⑨第二跨顶部第二排贯通筋 2ϕ20

长度＝4500＋400＋50－25＋2×15d

　　　＝4500＋400＋50－25＋2×15×20

　　　＝5525(mm)

⑩箍筋

外大箍长度＝(300－2×25)×2＋(500－2×25)×2＋2×11.9×12

　　　　　＝1686(mm)

内小箍筋长度＝[(300－2×25－20－24)/3＋20＋24]×2＋(500－2×25)×2＋2×

　　　　　　11.9×12

　　　　　　＝1411(m)

箍筋根数：

a. 第一跨:5×2＋6＝16(根)

两端各 5ϕ12；

中间箍筋根数＝(3600－200×2－50×2－150×5×2)/250－1

　　　　　　＝6(根)

节点内箍筋根数＝400/150＝3(根)

b. 第二跨:5×2＋9＝19(其中位于斜坡上的 2 根长度不同)

左端 5ϕ12,斜坡水平长度为 200,故有 2 根位于斜坡上,这 2 根箍筋高度取 700 和 500
的平均值计算:

外大箍长度＝(300－2×25)×2＋(600－2×25)×2＋2×11.9×12

　　　　　＝1886(mm)

内小箍长度＝[(300－2×25－20－24)/3＋20＋24]×2＋(600－2×25)×2＋2×11.9×12

　　　　　＝1611(mm)

右端 5ϕ12；

中间箍筋根数＝(4500－200×2－50×2－150×5×2)/250－1

　　　　　　＝9(根)

c. JL04 箍筋总根数为:

外大箍根数＝16＋19＋3×3＝44(根)(其中位于斜坡上的 2 根长度不同)

里小箍根数＝44(根)(其中位于斜坡上的 2 根长度不同)

【例 3-9】 JL05 平法施工图如图 3-43 所示。求 JL05 的加腋筋及分布筋。

解　(本例以①轴线加腋筋为例,②、③轴位置加腋筋同理)

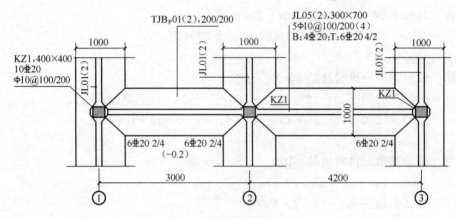

图 3-43　JL05 平法施工图

①加腋斜边长

$$a = \sqrt{50^2 + 50^2}$$
$$= 70.71(\text{mm})$$
$$b = a + 50$$
$$= 120.71(\text{mm})$$
$$1 \text{号筋加腋斜边长} = 2b$$
$$= 2 \times 120.71$$
$$= 242(\text{mm})$$

②1 号加腋筋 ϕ 10（本例中 1 号加腋筋对称，只计算一侧）

$$1 \text{号加腋筋长度} = \text{加腋斜边长} + 2 \times l_a$$
$$= 242 + 2 \times 29 \times 10$$
$$= 822(\text{mm})$$
$$\text{根数} = 300/100 + 1$$
$$= 4(\text{根})（注：间距同柱箍筋间距 100）$$

分布筋（ϕ 8@200）

$$\text{长度} = 300 - 2 \times 25$$
$$= 250(\text{mm})$$
$$\text{根数} = 242/200 + 1$$
$$= 3(\text{根})$$

③1 号加腋筋 ϕ 12

$$\text{加腋斜边长} = 400 + 2 \times 50 + 2 \times \sqrt{100^2 + 100^2}$$
$$= 783(\text{mm})$$
$$2 \text{号加腋筋长度} = 783 + 2 \times 29d$$
$$= 783 + 2 \times 29 \times 10$$
$$= 1363(\text{mm})$$
$$\text{根数} = 300/100 + 1$$
$$= 4(\text{根})（注：间距同柱箍筋间距 100）$$

分布筋（$\phi 8@200$）

$$长度=300-2\times 25$$
$$=250(\text{mm})$$
$$根数=783/200+1$$
$$=5(\text{根})$$

【例 3-10】 TJB_P01 平法施工图如图 3-44 所示。求 TJB_P01 底部的受力筋及分布筋。

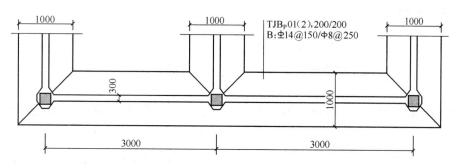

图 3-44　TJB_P01 平法施工图

解　①受力筋$\underline{\Phi}14@150$

$$长度=条形基础底板宽度-2c$$
$$=1000-2\times 40$$
$$=920(\text{mm})$$
$$根数=(3000\times 2+2\times 500-2\times 75)/150+1$$
$$=47(\text{根})$$

②分布筋$\Phi 8@250$

$$长度=3000\times 2-2\times 500+2\times 40+2\times 150$$
$$=5380(\text{mm})$$
$$单侧根数=(500-150-2\times 125)/250+1$$
$$=2(\text{根})$$

【例 3-11】 TJB_P02 平法施工图如图 3-45 所示。求 TJB_P02 底部的受力筋及分布筋。

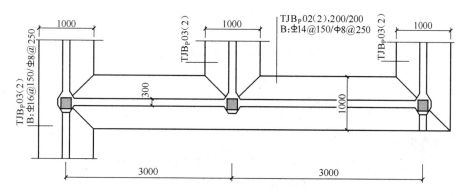

图 3-45　TJB_P02 平法施工图

解 ①受力筋Φ14@150

$$长度＝条形基础底板宽度－2c$$
$$＝1000－2×40$$
$$＝920(mm)$$
$$根数＝(3000×2－75＋1000/4)/150＋1$$
$$＝43(根)$$

②分布筋Φ8@250

$$长度＝3000×2－2×500＋2×40＋2×150$$
$$＝5380(mm)$$
$$单侧根数＝(500－150－2×125)/250＋1$$
$$＝2(根)$$

【例 3-12】 TJB$_P$03 平法施工图如图 3-46 所示。求 TJB$_P$03 底部的受力筋及分布筋。

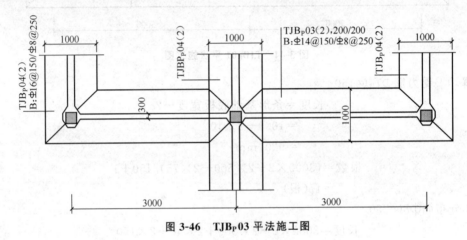

图 3-46 TJB$_P$03 平法施工图

解 ①受力筋Φ14@150

$$长度＝条形基础底板宽度－2c$$
$$＝1000－2×40$$
$$＝920(mm)$$
$$根数＝26×2$$
$$＝52(根)$$
$$第 1 跨＝(3000－75＋1000/4)/150＋1$$
$$＝23(根)$$
$$第 2 跨＝(3000－75＋1000/4)/150＋1$$
$$＝23(根)$$

②分布筋Φ8@250

$$长度＝3000×2－2×500＋2×40＋2×150$$
$$＝5380(mm)$$
$$单侧根数＝(500－150－2×125)/250＋1$$
$$＝2(根)$$

【例 3-13】 TJB$_P$04 平法施工图如图 3-47 所示。求 TJB$_P$04 底部的受力筋及分布筋。

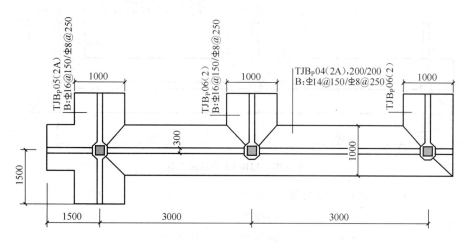

图 3-47 TJB$_P$04 平法施工图

解 ①受力筋Φ14@150

$$长度=条形基础底板宽度-2c$$
$$=1000-2\times40$$
$$=920(mm)$$
$$非外伸段根数=(3000\times2-75+1000/4)/150+1$$
$$=43(根)$$
$$外伸段根数=(1500-500-75+1000/4)/150+1$$
$$=9(根)$$
$$根数=43+9$$
$$=52(根)$$

②分布筋Φ8@250

$$非外伸段长度=3000\times2-2\times500+2\times40+2\times150$$
$$=5380(mm)$$
$$外伸段长度=1500-500-40+40+150$$
$$=1150(mm)$$
$$单侧根数=(500-150-2\times125)/250+1$$
$$=2(根)$$

【例 3-14】 TJB$_P$05 平法施工图如图 3-48 所示。求 TJB$_P$05 底部的受力筋及分布筋。

解 ①受力筋Φ14@150

$$长度=条形基础底板宽度-2c$$
$$=1000-2\times40$$
$$=920(mm)$$
$$左端另一向交接钢筋长度=1000-40$$
$$=960(mm)$$

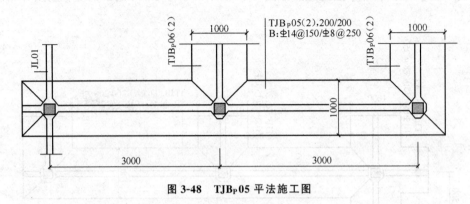

图 3-48　TJB$_P$05 平法施工图

$$左端一向的钢筋根数＝(3000×2＋500×2－2×75)/150＋1$$
$$＝47(根)$$
$$左端另一向交接钢筋根数＝(1000－75)/150＋1$$
$$＝8(根)$$
$$根数＝47＋8$$
$$＝55(根)$$

②分布筋ф6@250
$$长度＝3000×2－2×500＋40＋2×150$$
$$＝5340(mm)$$
$$单侧根数＝(500－150－2×125)/250＋1$$
$$＝2(根)$$

第三节　筏形基础计算方法与实例

一、计算方法

1. 基础次梁纵向钢筋与箍筋构造

基础次梁纵向钢筋与箍筋构造如图 3-49 所示。

(1)顶部和底部贯通纵筋在连接区内采用搭接、机械连接或对焊连接。且在同一连接区段内接头面积百分比率不宜大于 50%。当钢筋长度可穿过一连接区到下一连接区并满足要求时,宜穿越设置。当底部纵筋多于两排时,从第三排起非贯通纵筋向跨内的伸出长度值应由设计者注明。

(2)节点区内箍筋按梁端箍筋设置。梁相互交叉宽度内的箍筋按截面高度较大的基础梁设置。当具体设计未注明时,基础梁外伸部位按梁端第一种箍筋设置。

2. 基础次梁外伸部位钢筋构造

外伸部位的截面形状分为端部等截面外伸和端部变截面外伸,纵筋形状据此决定,如图 3-50所示。

(1)基础次梁顶部纵筋端部伸至尽端钢筋内侧,弯直钩 $12d$。

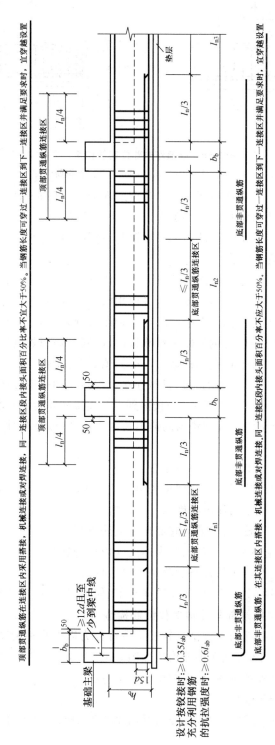

图 3-49 基础次梁纵向钢筋与箍筋构造

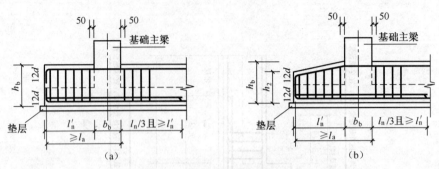

图 3-50　端部外伸部位钢筋构造

(a)端部等截面外伸构造；(b)端部变截面外伸钢筋构造

(2)基础次梁底部第一排纵筋端部伸至尽端钢筋内侧,弯直钩 $12d$ 。

(3)边跨端部底部纵筋直锚长度不小于 l_a 时,可不设弯钩。

(4)基础次梁底部第二排纵筋端部伸至尽端钢筋内侧,不弯直钩。

3. 梁板式筏形基础钢筋构造

(1)梁板式筏形基础底板钢筋的连接位置。连接位置如图 3-51 所示。

支座两侧的钢筋应协调配置,当两侧配筋直径相同而根数不同时,应将配筋小的一侧的钢筋全部穿过支座,配筋大的一侧的多余钢筋至少伸至支座对边内侧,锚固长度为 l_a ,当支座内长度不能满足时,则将多余的钢筋伸至对侧板内,以满足锚固长度要求。

(2)梁板式筏形基础底板平板钢筋构造。构造如图 3-52 所示。

1)顶部贯通纵筋在连接区内采用搭接、机械连接或焊接。同一连接区段内接头面积百分比率不宜大于 50%。当钢筋长度可穿过一连接区到下一连接区并满足要求时,宜穿越设置。

2)底部非贯通纵筋自梁中心线到跨内的伸出长度 $\geqslant l_n/3$(l_n 是基础平板 LPB 的轴线跨度)。

3)底部贯通纵筋在基础平板内按贯通布置。

底部贯通纵筋的长度＝跨度－左侧伸出长度－右侧伸出长度 $\leqslant l_n/3$("左、右侧延伸长度"即左、右侧的底部非贯通纵筋伸出长度)。

底部贯通纵筋直径不一致时:当某跨底部贯通纵筋直径大于邻跨时,如果相邻板区板底一平,则应在两毗邻跨中配置较小一跨的跨中连接区内进行连接(即配置较大板跨的底部贯通纵筋须越过板区分界线伸至毗邻板跨的跨中连接区域)。

4)基础平板同一层面的交叉纵筋,何向纵筋在下、何向纵筋在上,应按具体设计说明。

4. 梁板式筏形基础平板端部与外伸部位钢筋构造

梁板式筏形基础平板端部与外伸部位钢筋构造可分为以下几种情况。

(1)梁板式筏形基础端部等截面外伸构造如图 3-53 所示。

1)底部贯通纵筋伸至外伸尽端(留保护层),向上弯折 $12d$ 。

2)顶部钢筋伸至外伸尽端向下弯折 $12d$ 。

3)无需延伸到外伸段顶部的纵筋,其伸入梁内水平段的长度不小于 $12d$,且至少到支座中线。

4)板外边缘应封边,封边构造如图 3-60 所示。

(2)梁板式筏形基础端部变截面外伸构造如图 3-54 所示。

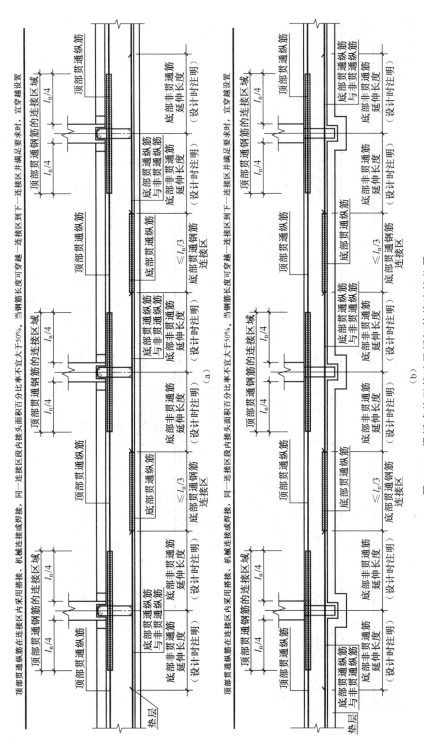

图 3-51 梁板式筏形基础平板钢筋的连接位置

(a)基础梁板底平;(b)基础梁板顶平

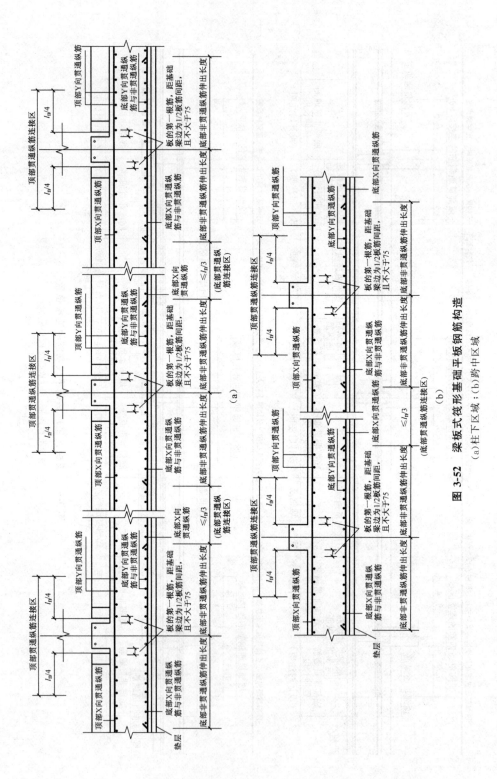

图 3-52　梁板式筏形基础平板中区域钢筋构造

(a)柱下区域；(b)跨中区域

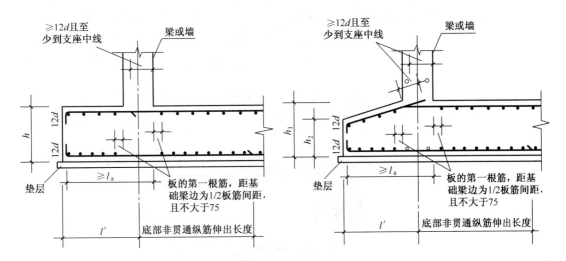

图 3-53　梁板式筏形基础端部等截面外伸构造　　　图 3-54　梁板式筏形基础端部变截面外伸构造

1）底部贯通纵筋伸至外伸尽端（留保护层），向上弯折 $12d$。

2）非外伸段顶部钢筋伸至伸入梁内水平段长度不小于 $12d$，且至少到梁中线。

3）外伸段顶部纵筋伸入梁内长度不小于 $12d$，且至少到支座中线。

4）板外边缘应封边，封边构造如图 3-59 所示。

（3）梁板式筏形基础端部无外伸构造如图 3-55 所示。

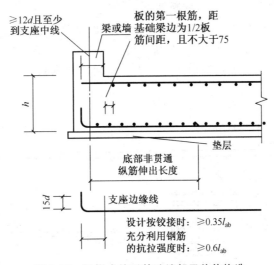

图 3-55　梁板式筏形基础端部无外伸构造

1）板的第一根筋，距基础梁边为 1/2 板筋间距，且不大于 75mm。

2）底板贯通纵筋与非贯通纵筋均伸至尽端钢筋内侧，向上弯折 $15d$，且从基础梁内侧起，伸入梁端部且水平段长度由设计指定。底部非贯通纵筋，从基础梁内边缘向跨内的延伸长度由设计指定。

3）顶部板筋伸至基础梁内的水平段长度不小于 $12d$，且至少到支座中线。

5. 梁板式筏形基础平板变截面部位钢筋构造

梁板式筏形基础平板变截面部位钢筋构造可分为以下几种情况。

（1）当板顶有高差时，梁板式筏形基础平板变截面部位钢筋构造如图 3-56 所示。

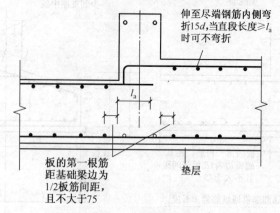

图 3-56　板顶有高差

1）板顶部顶面标高高的板顶部贯通纵筋伸至端部弯折 $15d$，当直线段长度 $\geqslant l_a$ 时可不弯折；板顶部顶面标高高的板顶部贯通纵筋锚入梁内 l_a 截断即可。

2）板的第一根筋距梁边距离为 $\max(s/2,75)$。

（2）当板顶、板底均有高差时，梁板式筏形基础平板变截面部位钢筋构造如图 3-57 所示。

1）板顶面标高高的板顶部纵筋伸至尽端内侧弯折，弯折长度为 $15d$。板顶面标高低的板上部纵筋锚入基础梁内长度 $\geqslant l_a$，截断即可。

2）底面标高低的基础平板底部钢筋斜伸至梁底面标高高的梁内，锚固长度为 l_a；底面标高高的平板底部钢筋锚固长度取 l_a，截断即可。

（3）当板底有高差时，梁板式筏形基础平板变截面部位钢筋构造如图 3-58 所示。

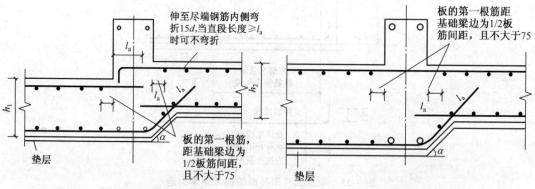

图 3-57　板顶、板底均有高差　　　　　　图 3-58　板底有高差

1）底面标高低的基础平板底部钢筋斜伸至梁底面标高高的梁内，锚固长度为 l_a；底面标高高的平板底部钢筋锚固长度 $\geqslant l_a$ 截断即可。

2）板的第一根筋距梁边距离为 $\max(s/2,75)$。

6. 梁板式筏形基础板封边构造

在板外伸构造中，板边缘需要进行封边。封边构造有 U 形筋构造封边方式（图 3-59）和纵筋弯钩交错封边方式（图 3-60）两种。

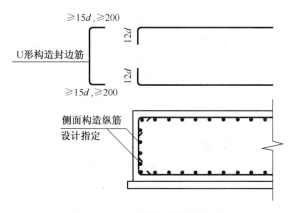

图 3-59 U 形筋构造封边方式

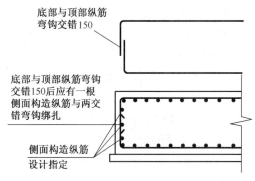

图 3-60 纵筋弯钩交错封边方式

(1)U 形封边即在板边附加 U 形构造封边筋,U 形构造封边筋两端头水平段长度为 $\max[15d,200]$。

(2)纵筋弯钩交错封边方式中,底部与顶部纵筋弯钩交错 150mm,且应有一根侧面构造纵筋与两交错弯钩绑扎。在封边构造中,注意板侧边的构造筋数量。

二、计算实例

【例 3-15】 JCL01 平法施工图如图 3-61 所示。试求 JCL01 的顶部及底部贯通纵筋、支座底部非贯通纵筋及箍筋。

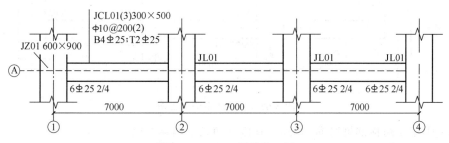

图 3-61 JCL01 平法施工图

解 ①顶部贯通纵筋 2Φ25 长度=净长+两端锚固

锚固长度=$\max(0.5h_c,12d)$

=$\max(300,12\times25)$

$$=300(mm)$$
$$总长度=7000\times3-600+2\times300$$
$$=21000(mm)$$

②底部贯通纵筋 4ϕ25　　长度=净长+两端锚固
$$=7000\times3-600+29\times25+0.35\times29\times25$$
$$=21379(mm)$$

③支座 1、4 底部非贯通纵筋 2ϕ25
$$支座外延伸长度=l_n/3$$
$$=(7000-600)/3$$
$$=2133(mm)$$

长度=支座外延伸长度+支座宽度-保护层厚度
$$=2133+600-25$$
$$=2708(mm)$$

④支座 2、3 底部非贯通纵筋 2ϕ25
$$长度=2\times延伸长度+支座宽度$$
$$=2\times l_n/3+h_b$$
$$=2\times(7000-600)/3+600$$
$$=4866(mm)$$

⑤箍筋长度$=2\times[(300-60)+(500-60)]+2\times11.9\times10$
$$=1598(mm)$$

⑥箍筋根数
$$三跨总根数=3\times[(6400-100)/200+1]$$
$$=98(根)$$

(注:基础次梁箍筋只布置在净跨内,支座内不布置箍筋)

【例 3-16】　JCL02 平法施工图如图 3-62 所示。试求的第 1、2 跨的顶部贯通纵筋长度。

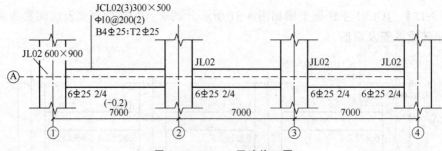

图 3-62　JCL02 平法施工图

　解　①第 1 跨顶部贯通筋 2ϕ25　　长度=净长+两端锚固
$$端支座锚固长度=\max(0.5h_c,12d)$$
$$=\max(300,12\times25)$$
$$=300(mm)$$
$$总长度=6400+300\times2$$

$$=7000(\mathrm{mm})$$

②第 2 跨顶部贯通筋 2Φ20　长度＝净长＋两端锚固

$$端支座锚固长度＝\max(0.5h_c,12d)$$

$$=\max(300,12\times25)$$

$$=300(\mathrm{mm})$$

$$总长度＝6400+300\times2$$

$$=7000(\mathrm{mm})$$

第四章 主体结构钢筋计算

第一节 柱构件计算方法与实例

一、计算方法

1. 地下室框架柱纵向钢筋构造

地下室框架柱纵向钢筋连接构造共分为绑扎搭接、机械连接、焊接连接三种连接方式，如图 4-1 所示。

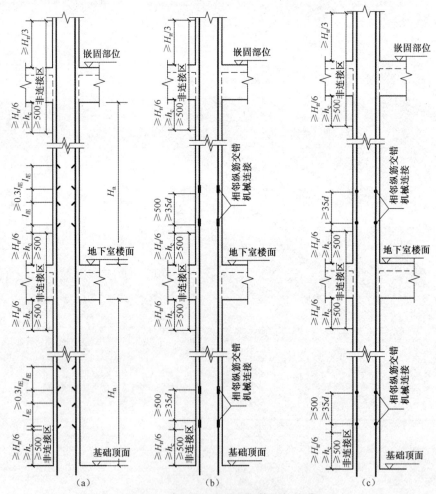

图 4-1 地下室 KZ 纵向钢筋连接构造

(a)绑扎搭接 (b)机械连接 (c)焊接连接

[柱长边尺寸(圆柱直径)，$H_n/6,500$，取其最大值]

(1)柱纵筋的非连接区。

1)基础顶面以上有一个"非连接区",其长度$\geqslant \max(H_n/6, h_c, 500)$($H_n$是从基础顶面到顶板梁底的柱的净高;$h_c$为柱截面长边尺寸,圆柱为截面直径)。

2)地下室楼层梁上下部位的范围形成一个"非连接区",其长度包括三个部分:梁底以下部分、梁中部分和梁顶以上部分。

①梁底以下部分的非连接区长度$\geqslant \max(H_n/6, h_c, 500)$($H_n$是所在楼层的柱净高;$h_c$为柱截面长边尺寸,圆柱为截面直径)。

②梁中部分的非连接区长度=梁的截面高度。

③梁顶以上部分的非连接区长度$\geqslant \max(H_n/6, h_c, 500)$($H_n$是上一楼层的柱净高;$h_c$为柱截面长边尺寸,圆柱为截面直径)。

3)嵌固部位上下部范围内形成一个"非连接区",其长度包括三个部分:梁底以下部分、梁中部分和梁顶以上部分。

①嵌固部位梁以下部分的非连接区长度$\geqslant \max(H_n/6, h_c, 500)$($H_n$是所在楼层的柱净高;$h_c$为柱截面长边尺寸,圆柱为截面直径)。

②嵌固部位梁中部分的非连接区长度=梁的截面高度。

③嵌固部位梁以上部分的非连接区长度$\geqslant H_n/3$(H_n是上一楼层的柱净高)。

(2)柱相邻纵向钢筋连接接头。柱相邻纵向钢筋连接接头相互错开,在同一截面内钢筋接头面积百分率不应大于50%。

柱纵向钢筋连接接头相互错开距离:

①机械连接接头错开距离$\geqslant 35d$。

②焊接连接接头错开距离$\geqslant 35d$且$\geqslant 500mm$。

③绑扎搭接连接搭接长度l_{lE}(l_{lE}是抗震的绑扎搭接长度),接头错开的净距离$\geqslant 0.3 l_{lE}$。

2. 墙上柱纵筋计算

墙上柱插筋可分为三种构造形式:绑扎搭接、机械连接、焊接连接,如图4-2所示。其计算公式如下。

(1)绑扎搭接。

墙上柱长插筋长度$=1.2 l_{aE}+\max(H_n/6, 500, h_c)+2.3 l_{lE}+$弯折$(h_c/2-$保护层厚度$+2.5d)$

墙上柱短插筋长度$=1.2 l_{aE}+\max(H_n/6, 500, h_c)+2.3 l_{lE}+$弯折$(h_c/2-$保护层厚度$+2.5d)$

(2)机械连接。

墙上柱长插筋长度$=1.2 l_{aE}+\max(H_n/6, 500, h_c)+35d+$弯折$(h_c/2-$保护层厚度$+2.5d)$

墙上柱短插筋长度$=1.2 l_{aE}+\max(H_n/6, 500, h_c)+$弯折$(h_c/2-$保护层厚度$+2.5d)$

(3)焊接连接。

墙上柱长插筋长度$=1.2 l_{aE}+\max(H_n/6, 500, h_c)+\max(35d, 500)$
$$+弯折(h_c/2-保护层厚度+2.5d)$$

墙上柱短插筋长度$=1.2 l_{aE}+\max(H_n/6, 500, h_c)+$弯折$(h_c/2-$保护层厚度$+2.5d)$

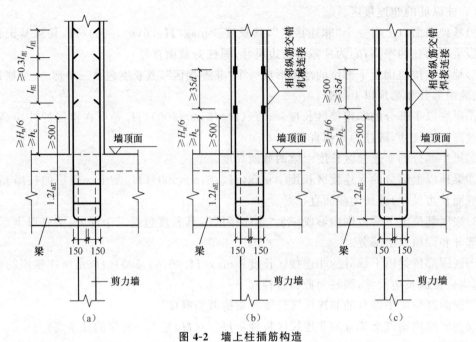

图 4-2　墙上柱插筋构造

(a)绑扎搭接　(b)机械连接　(c)焊接连接

3. 梁上柱纵筋计算

梁上柱插筋可分为三种构造形式:绑扎搭接、机械连接、焊接连接,如图 4-3 所示。其计算公式如下。

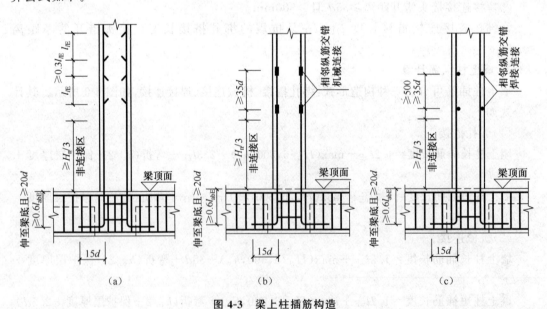

图 4-3　梁上柱插筋构造

(a)绑扎搭接　(b)机械连接　(c)焊接连接

(1)绑扎搭接。

$$梁上柱长插筋长度 = 梁高度 - 梁保护层厚度 - \sum[梁底部钢筋直径 + \max(25,d)]$$
$$+ 12d + \max(H_n/6, 500, h_c) + 2.3l_{lE}$$

梁上柱短插筋长度＝梁高度－梁保护层厚度－$\sum[$梁底部钢筋直径＋$\max(25,d)]$
$$+12d+\max(H_n/6,500,h_c)+l_{lE}$$

（2）机械连接。

梁上柱长插筋长度＝梁高度－梁保护层厚度－$\sum[$梁底部钢筋直径＋$\max(25,d)]$
$$+12d+\max(H_n/6,500,h_c)+35d$$

梁上柱短插筋长度＝梁高度－梁保护层厚度－$\sum[$梁底部钢筋直径＋$\max(25,d)]$
$$+12d+\max(H_n/6,500,h_c)$$

（3）焊接连接。

梁上柱长插筋长度＝梁高度－梁保护层厚度－$\sum[$梁底部钢筋直径＋$\max(25,d)]$
$$+12d+\max(H_n/6,500,h_c)+\max(35d,500)$$

梁上柱短插筋长度＝梁高度－梁保护层厚度－$\sum[$梁底部钢筋直径＋$\max(25,d)]$
$$+12d+\max(H_n/6,500,h_c)$$

4. 顶层中柱纵筋计算

（1）顶层弯锚。

1）绑扎搭接如图 4-4 所示。

顶层中柱长筋长度＝顶层高度－保护层厚度－$\max(H_n/6,500,h_c)+12d$

顶层中柱短筋长度＝顶层高度－保护层厚度－$\max(H_n/6,500,h_c)-1.3l_{lE}+12d$

2）机械连接如图 4-5 所示。

顶层中柱长筋长度＝顶层高度－保护层厚度－$\max(H_n/6,500,h_c)+12d$

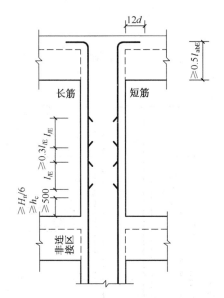

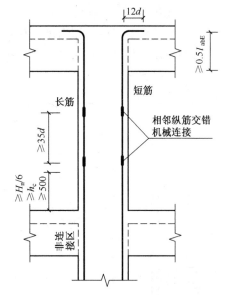

图 4-4　顶层中柱纵筋弯锚构造(绑扎搭接)　　　图 4-5　顶层中柱纵筋弯锚构造(机械连接)

顶层中柱短筋长度＝顶层高度－保护层厚度－$\max(H_n/6,500,h_c)-500+12d$

3）焊接连接如图 4-6 所示。

顶层中柱长筋长度＝顶层高度－保护层厚度－$\max(H_n/6,500,h_c)+12d$

顶层中柱短筋长度＝顶层高度－保护层厚度－$\max(H_n/6,500,h_c)-\max(35d,500)+$
12d

（2）顶层直锚。

1）绑扎搭接如图 4-7 所示。

顶层中柱长筋长度＝顶层高度－保护层厚度－$\max(H_n/6, 500, h_c)$

顶层中柱短筋长度＝顶层高度－保护层厚度－$\max(H_n/6, 500, h_c)-1.3l_{lE}$

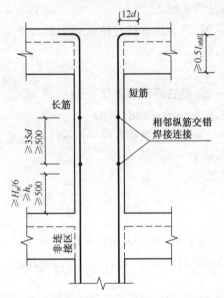

图 4-6　顶层中柱纵筋弯锚构造（焊接连接）　　　图 4-7　顶层中柱纵筋直锚构造（绑扎搭接）

2）机械连接如图 4-8 所示。

顶层中柱长筋长度＝顶层高度－保护层厚度－$\max(H_n/6, 500, h_c)$

顶层中柱短筋长度＝顶层高度－保护层厚度－$\max(H_n/6, 500, h_c)-500$

3）焊接连接如图 4-9 所示。

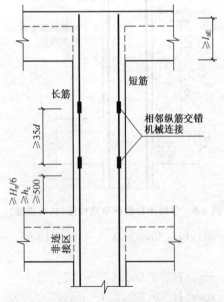
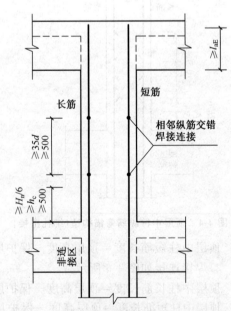

图 4-8　顶层中柱纵筋弯锚构造（机械连接）　　　图 4-9　顶层中柱纵筋直锚构造（焊接连接）

顶层中柱长筋长度＝顶层高度－保护层厚度－$\max(H_n/6,500,h_c)$

顶层中柱短筋长度＝顶层高度－保护层厚度－$\max(H_n/6,500,h_c)-\max(35d,500)$

5. 顶层边角柱纵筋计算

以顶层边角柱中节点 D 构造为例,讲解顶层边柱纵筋计算方法。

(1)当采用绑扎搭接接头时,顶层边角柱节点 D 构造如图 4-10 所示。计算简图如图 4-11 所示。

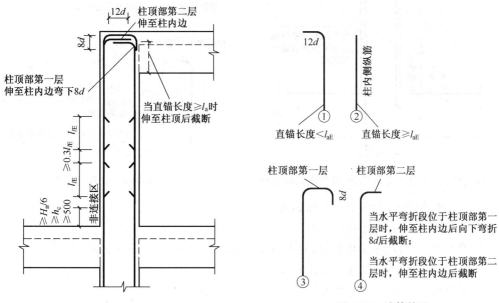

图 4-10　顶层边角柱节点 D 构造(绑扎搭接)　　　　　　图 4-11　计算简图

1)1 号钢筋(柱内侧纵筋),直锚长度＜l_{aE}。

长筋长度:$l=H_n$－梁保护层厚度－$\max(H_n/6,h_c,500)+12d$

短筋长度:$l=H_n$－梁保护层厚度－$\max(H_n/6,h_c,500)-1.3l_{lE}+12d$

2)2 号钢筋(柱内侧纵筋),直锚长度≥l_{aE}。

长筋长度:$l=H_n$－梁保护层厚度－$\max(H_n/6,h_c,500)$

短筋长度:$l=H_n$－梁保护层厚度－$\max(H_n/6,h_c,500)-1.3l_{lE}$

3)3 号钢筋(柱顶第一层钢筋)。

长筋长度:$l=H_n$－梁保护层厚度－$\max(H_n/6,h_c,500)$＋柱宽－2×柱保护层厚度＋8d

短筋长度:$l=H_n$－梁保护层厚度－$\max(H_n/6,h_c,500)-1.3l_{lE}$＋柱宽－2×柱保护层厚度＋8$d$

4)4 号钢筋(柱顶第二层钢筋)。

长筋长度:$l=H_n$－梁保护层厚度－$\max(H_n/6,h_c,500)$＋柱宽－2×柱保护层厚度

短筋长度:$l=H_n$－梁保护层厚度－$\max(H_n/6,h_c,500)-1.3l_{lE}$＋柱宽－2×柱保护层厚度

(2)当采用焊接或机械连接接头时,顶层边角柱节点 D 构造如图 4-12 所示。计算简图如图 4-13 所示。

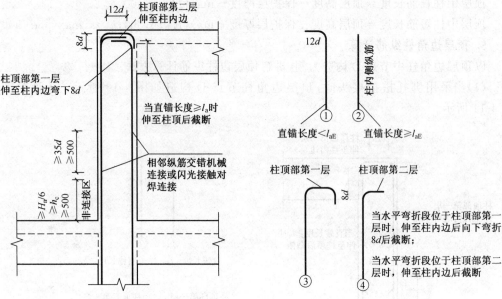

图 4-12　顶层边角柱节点 D 构造(焊接或机械连接)　　　图 4-13　计算简图

1)1 号钢筋(柱内侧纵筋),直锚长度$< l_{aE}$。

长筋长度:$l = H_n - 梁保护层厚度 - \max(H_n/6, h_c, 500) + 12d$

短筋长度:$l = H_n - 梁保护层厚度 - \max(H_n/6, h_c, 500) - \max(35d, 500) + 12d$

2)2 号钢筋(柱内侧纵筋),直锚长度$\geqslant l_{aE}$。

长筋长度:$l = H_n - 梁保护层厚度 - \max(H_n/6, h_c, 500)$

短筋长度:$l = H_n - 梁保护层厚度 - \max(H_n/6, h_c, 500) - \max(35d, 500)$

3)3 号钢筋(柱顶第一层钢筋)。

长筋:$l = H_n - 梁保护层厚度 - \max(H_n/6, h_c, 500) + 柱宽 - 2 \times 柱保护层厚度 + 8d$

短筋长度:$l = H_n - 梁保护层厚度 - \max(H_n/6, h_c, 500) - \max(35d, 500) + 柱宽 - 2 \times 柱保护层厚度 + 8d$

4)4 号钢筋(柱顶第二层钢筋)。

长筋长度:$l = H_n - 梁保护层厚度 - \max(H_n/6, h_c, 500) + 柱宽 - 2 \times 柱保护层厚度$

短筋长度:$l = H_n - 梁保护层厚度 - \max(H_n/6, h_c, 500) - \max(35d, 500) + 柱宽 - 2 \times 柱保护层厚度$

6. 柱箍筋和拉筋计算方法

柱箍筋计算包括柱箍筋长度计算及柱箍筋根数计算两大部分内容,框架柱箍筋布置要求主要应考虑以下几个方面。

沿复合箍筋周边,箍筋局部重叠不宜多于两层,并且尽量不在两层位置的中部设置纵筋;

柱箍筋的弯钩角度为 135°,弯钩平直段长度为 $\max(10d, 75mm)$;

为使箍筋强度均衡,当拉筋设置在旁边时,可沿竖向将相邻两道箍筋按其各自平面位置交错放置;

柱纵向钢筋布置尽量设置在箍筋的转角位置,两个转角位置中部最多只能设置一根纵筋。

箍筋常用的复合方式为 $m \times n$ 肢箍形式,由外封闭箍筋、小封闭箍筋和单肢箍筋形式组成,箍筋长度计算即为复合箍筋总长度的计算,其各自的计算方法如下。

(1)单肢箍。$m \times n$ 箍筋复合方式,当肢数为单数时由若干双肢箍和一根单肢箍形式组合而成,该单肢箍的构造要求为:同时勾住纵筋与外封闭箍筋。单肢箍(拉筋)长度计算方法为:

长度 = 截面尺寸 b 或 h − 柱保护层 $c \times 2 + 2 \times d_{箍筋} + 2 \times d_{拉筋} + 2 \times l_w$

(2)双肢箍。外封闭箍筋(大双肢箍)长度计算方法为:

长度 = $(b - 2 \times 柱保护层 c) \times 2 + (h - 2 \times 柱保护层 c) \times 2 + 2 \times l_w$

(3)小封闭箍筋(小双肢箍)。纵筋根数决定了箍筋的肢数,纵筋在复合箍筋框内按均匀、对称原则布置,计算小箍筋长度时应考虑纵筋的排布关系;最多每隔一根纵筋应有一根箍筋或拉筋进行拉结;箍筋的重叠不应多于两层;按柱纵筋等间距分布排列设置箍筋,如图 4-14 所示。

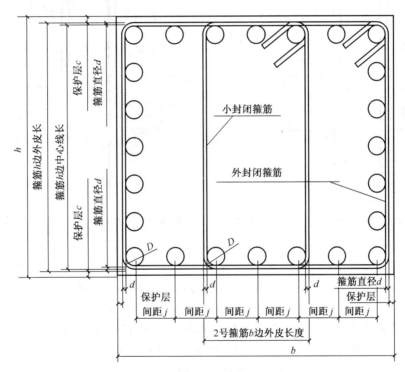

图 4-14　柱箍筋计算示意图

小封闭箍筋(小双肢箍)长度计算方法为:

$$长度 = \left[\frac{b - 2 \times 柱保护层 c - d_{纵筋}}{纵筋根数 - 1} \times 间距个数 + d_{纵筋} + 2 \times d_{小箍筋} \right] \times$$
$$2 + (h - 2 \times 柱保护层) \times 2 + 2 \times l_w$$

(4)箍筋弯钩长度的取值。钢筋弯折后的具体长度与原始长度不等,原因是弯折过程有钢筋损耗。计算中,箍筋长度计算是按箍筋外皮计算,则箍筋弯折 $90°$ 位置的度量长度差值不计,箍筋弯折 $135°$ 弯钩的量度差值为 $1.9d$。因此,箍筋的弯钩长度统一取值为 $l_w =$

$\max(11.9d,75+1.9d)$。

7. 柱纵筋上下层配筋量不同时钢筋计算方法

(1)上柱钢筋比下柱钢筋多(图 4-15)。多出的钢筋需要插筋,其他钢筋同是中间层。

$$短插筋 = \max(H_n/6,500,h_c) + l_{lE} + 1.2l_{aE}$$

$$长插筋 = \max(H_n/6,500,h_c) + 2.3l_{lE} + 1.2l_{aE}$$

(2)下柱钢筋比上柱多(图 4-16)。下柱多出的钢筋在上层锚固,其他钢筋同是中间层。

$$短插筋 = 下层层高 - \max(H_n/6,500,h_c) - 梁高 + 1.2l_{aE}$$

$$长插筋 = 下层层高 - \max(H_n/6,500,h_c) - 1.3l_{lE} - 梁高 + 1.2l_{aE}$$

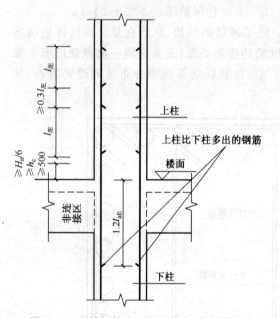

图 4-15　上柱钢筋比下柱钢筋多(绑扎搭接)

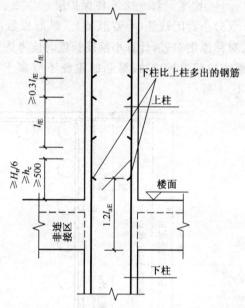

图 4-16　下柱钢筋比上柱钢筋多(绑扎搭接)

(3)上柱钢筋直径比下柱钢筋直径大(图 4-17)。

1)绑扎搭接:

$$下层柱纵筋长度 = 下层第一层层高 - \max(H_{n1}/6,500,h_c) + 下柱第二层层高$$
$$- 梁高 - \max(H_{n2}/6,500,h_c) - 1.3l_{lE}$$

$$上柱纵筋插筋长度 = 2.3l_{lE} + \max(H_{n2}/6,500,h_c) + \max(H_{n3}/6,500,h_c) + l_{lE}$$

$$上层柱纵筋长度 = l_{lE} + \max(H_{n4}/6,500,h_c) + 本层层高 + 梁高$$
$$+ \max(H_{n2}/6,500,h_c) + 2.3l_{lE}$$

2)机械连接:

$$下层柱纵筋长度 = 下层第一层层高 - \max(H_{n1}/6,500,h_c) + 下柱第二层层高$$
$$- 梁高 - \max(H_{n2}/6,500,h_c)$$

$$上柱纵筋插筋长度 = \max(H_{n2}/6,500,h_c) + \max(H_{n3}/6,500,h_c) + 500$$

$$上层柱纵筋长度 = \max(H_{n4}/6,500,h_c) + 500 + 本层层高 + 梁高$$
$$+ \max(H_{n2}/6,500,h_c)$$

3)焊接连接:

$$下层柱纵筋长度 = 下层第一层层高 - \max(H_{n1}/6,500,h_c) + 下柱第二层层高$$

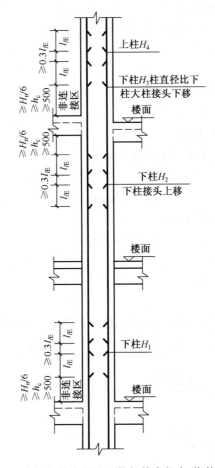

图 4-17　上柱钢筋直径比下柱钢筋直径大(绑扎搭接)

$$-梁高-\max(H_{n2}/6,500,h_c)$$

$$上柱纵筋插筋长度=\max(H_{n2}/6,500,h_c)+\max(H_{n3}/6,500,h_c)$$
$$+\max(35d,500)$$

$$上层柱纵筋长度=\max(H_{n4}/6,500,h_c)+\max(35d,500)+本层层高+梁高$$
$$+\max(H_{n2}/6,500,h_c)$$

二、计算实例

【例 4-1】　计算楼层的框架柱箍筋根数。已知楼层的层高为 4.20m,框架柱 KZ1 的截面尺寸为 700mm×650mm,箍筋标注为 $\phi 10@100/200$,该层顶板的框架梁截面尺寸为 300mm×700mm。

解　(1)本层楼的柱净高。

$$H_n=4200-700=3500mm$$

框架柱截面长边尺寸 $h_c=700mm$

$H_n/h_c=3500/700=5>4$,由此可以判断该框架注不是"短柱"。

加密区长度$=\max(H_n/6,h_c,500)$

$$=\max(3500/6,700,500)$$

$$=700mm$$

（2）上部加密区箍筋根数计算。

加密区长度＝$\max(H_n/6, h_c, 500)$＋框架梁高度

$$=700+700$$
$$=1400\text{mm}$$

根数＝1400/100＝14 根

所以上部加密区实际长度＝14×100＝1400mm

（3）下部加密区箍筋根数计算。

加密区长度＝$\max(H_n/6, h_c, 500)$＝700mm

根数＝700/100＝7 根

所以下部加密区实际长度＝7×100＝700mm

（4）中间非加密区箍筋根数计算。

非加密区长度＝4200－1400－700＝2100mm

根数＝2100/200＝11 根

（5）本层 KZ1 箍筋根数计算。

根数＝14＋7＋11＝32 根

【例 4-2】 如图 4-18 所示，KZ1 为边柱，C25 混凝土保护，三级抗震，采用焊接连接，主筋在基础内水平弯折为 200，基础箍筋 2 根，试计算其钢筋量。

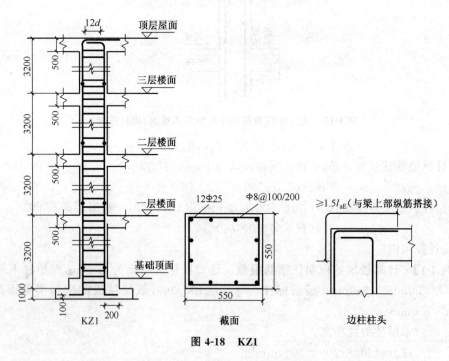

图 4-18　KZ1

解　考虑相邻纵筋连接接头需错开，纵筋要分两部分计算：

基础部分：

6Φ25：

L_1＝底部弯折＋基础高＋基础顶面到上层接头的距离（满足≥$H_n/3$）

$$=200+(1000-100)+(3200-500)/3$$

$\qquad = 200 + 1800$

$\qquad = 2000(\mathrm{mm})$

6⊕25：

$L_2 =$ 底部弯折＋基础高＋基础顶面到上层接头的距离＋纵筋交错距离

$\qquad = 200 + (10000 - 100) + (3200 - 500)/3 + \mathrm{Max}(35d, 500)$

$\qquad = 200 + 2675$

$\qquad = 2875(\mathrm{mm})$

一层：

12⊕25：

$L_1 = L_2 =$ 层高－基础顶面距接头距离＋上层楼面距接头距离

$\qquad = 3200 - H_\mathrm{n}/3 + \mathrm{Max}(H_\mathrm{n}/6, h_\mathrm{c}, 500)$

$\qquad = 3200 - 900 + 550$

$\qquad = 2850(\mathrm{mm})$

二层：

12⊕25：

$L_1 = L_2 =$ 层高－本层楼面距接头距离＋上层楼面距接头距离

$\qquad = 3200 - \mathrm{Max}(H_\mathrm{n}/6, h_\mathrm{c}, 500) + \mathrm{Max}(H_\mathrm{n}/6, h_\mathrm{c}, 500)$

$\qquad = 3200 - 550 + 550$

$\qquad = 3200(\mathrm{mm})$

三层：

12⊕25：

$L_1 = L_2 =$ 层高－本层楼面距接头距离＋上层楼面距接头距离

$\qquad = 3200 - \mathrm{Max}(H_\mathrm{n}/6, h_\mathrm{c}, 500) + \mathrm{Max}(H_\mathrm{n}/6, h_\mathrm{c}, 500)$

$\qquad = 3200 - 550 + 550$

$\qquad = 3200(\mathrm{mm})$

顶层：

柱外侧纵筋 4⊕25：

2⊕25：

$L_1 =$ 层高－本层楼面距接头距离－梁高＋柱头部分

$\qquad = 3200[\mathrm{Max}(H_\mathrm{n}/6, h_\mathrm{c}, 500 - 500 + h_\mathrm{b} - h_\mathrm{c} + 1.5L_\mathrm{ae} - (h_\mathrm{b} - Bh_\mathrm{C}))]$

$\qquad = 3200 - [550 - 500 + (500 - 30) + 1.5 \times 35 \times 25 - (500 - 30)]$

$\qquad = 2358(\mathrm{mm})$

2⊕25：

$L_2 =$ 层高－（本层楼面距接头距离＋本层相邻纵筋交错距离）－梁高＋柱头

$\qquad = 3200 - [\mathrm{Max}(H_\mathrm{n}/6, h_\mathrm{c}, 500) + \mathrm{Max}(35d, 500) - 500 + h_\mathrm{b} - Bh_\mathrm{C} + 1.5L_\mathrm{ae} - (h_\mathrm{b} - Bh_\mathrm{C})]$

$\qquad = 3200 - (500 + 35 \times 25) - 500 + (500 - 30) + 1.5 \times 35 \times 25 - (500 - 30)$

$\qquad = 1745 + 843$

$\qquad = 2588(\mathrm{mm})$

柱内侧纵筋 8⊕25：

4Φ25：

L_1＝层高－本层楼面距接头距离－梁高＋柱头部分

$\qquad$＝3200－Max($H_n/6$,h_c,500)－500＋h_b－Bh_c＋12d

$\qquad$＝3200－550－500＋500－30＋12×25

$\qquad$＝2620＋300

$\qquad$＝2920(mm)

4Φ25：

L_2＝层高－(本层楼面距接头距离＋本层相邻纵筋交错距离)－梁高＋柱头

$\qquad$＝3200－[Max($H_n/6$,h_c,500)＋Max(35d,500)]－500＋h_b＋Bh_c＋12d

$\qquad$＝3200－(550＋35×25)－500＋(500－30)＋12×25

$\qquad$＝1745＋300

$\qquad$＝2045(mm)

箍筋尺寸：

$$B 边 550－2×30＋2×8＝506(mm)$$
$$H 边 550－2×30＋2×8＝506(mm)$$

箍筋根数：

一层：

加密区长度＝$H_n/3$＋h_b＋max(柱长边尺寸,$H_n/6$,500)

$\qquad$＝(3200－500)/3＋500＋550

$\qquad$＝1950(mm)

非加密区长度＝H_n－加密区长度

$\qquad$＝(3200－500)－1950

$\qquad$＝750(mm)

N＝(1950/100)＋(750/200)＋1

$\qquad$＝25(根)

二层：

加密区长度＝2×max(柱长边尺寸,$H_n/6$,500)＋h_b

$\qquad$＝2×550＋500

$\qquad$＝1600(mm)

非加密区长度＝H_n－加密区长度

$\qquad$＝(3200－500)－1600

$\qquad$＝1100(mm)

N＝(1600/100)＋(1100/200)＋1

$\qquad$＝23(根)

三、四层同二层总根数：

$$N＝2＋25＋23×3＝96(根)$$

第二节　剪力墙计算方法与实例

一、计算方法

1. 剪力墙身水平分布钢筋构造

(1)水平分布钢筋在暗柱中的构造。

1)水平分布钢筋在端部暗柱中的构造。端部有暗柱时,剪力墙水平分布钢筋伸至边缘暗柱(L 形暗柱)角筋外侧,弯折 $10d$,如图 4-19 所示。

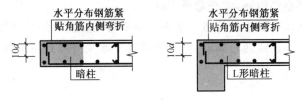

图 4-19　水平分布钢筋在端部暗柱墙中的构造

2)水平分布钢筋在转角墙中的构造。水平分布钢筋在转角墙中的构造共有三种情况,如图 4-20 所示。

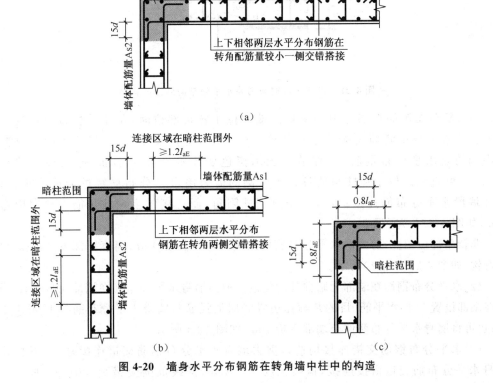

图 4-20　墙身水平分布钢筋在转角墙中柱中的构造

图(a)：上下相邻两排水平分布筋在转角一侧交错搭接连接，搭接长度≥1.2l_{aE}，搭接范围错开间距500mm；墙外侧水平分布筋连续通过转角，在转角墙核心部位以外与另一片剪力墙的外侧水平分布筋连接，墙内侧水平分布筋伸至转角墙核心部位的外侧钢筋内侧，水平弯折15d。

图(b)：上下相邻两排水平分布筋在转角两侧交错搭接连接，搭接长度≥1.2l_{aE}；墙外侧水平分布筋连续通过转角，在转角墙核心部位以外与另一片剪力墙的外侧水平分布筋连接，墙内侧水平分布筋伸至转角墙核心部位的外侧钢筋内侧，水平弯折15d。

图(c)：墙外侧水平分布筋在转角处搭接，搭接长度为1.6l_{aE}，墙内侧水平分布筋伸至转角墙核心部位的外侧钢筋内侧，水平弯折15d。

3)水平分布钢筋在翼墙中的构造。水平分布钢筋在翼墙中的构造如图4-21所示，翼墙两翼的墙身水平分布筋连续通过翼墙；翼墙肢部墙身水平分布筋伸至翼墙核心部位的外侧钢筋内侧，水平弯折15d。

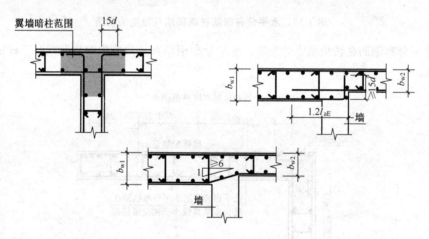

图4-21　设置翼墙时剪力墙水平分布钢筋锚固构造

4)水平分布钢筋在端柱中的构造。端柱位于转角部位时，位于端柱宽出墙身一侧的剪力墙水平分布筋伸入端柱水平长度≥0.6l_{abE}，弯折长度15d；当位于端柱纵向钢筋内侧的墙水平分布钢筋(端柱节点图示黑色墙体水平分布钢筋)伸入端柱的长度≥l_{aE}时，可直锚。位于端柱与墙身相平一侧的剪力墙水平分布筋绕过端柱阳角，与另一片墙段水平分布筋连接；也可不绕过端柱阳角，而直接伸至端柱角筋内侧向内弯折15d，如图4-22(a)所示。

非转角部位端柱，剪力墙水平分布筋伸入端柱弯折长度15d；当直锚深度≥l_{aE}时可不设弯钩，如图4-22(b)、(c)所示。

(2)水平分布钢筋在端部无暗柱处的构造。剪力墙身水平分布筋在端部无暗柱时，可采用在端部设置U形水平筋(目的是箍住边缘竖向加强筋)，墙身水平分布筋与U形水平搭接；也可将墙身水平分布筋伸至端部弯折10d，如图4-23所示。

(3)水平分布钢筋交错连接构造。剪力墙身水平分布钢筋交错连接时，上下相邻的墙身水平分布筋交错搭接连接，搭接长度≥1.2l_{aE}，搭接范围交错≥500mm，如图4-24所示。

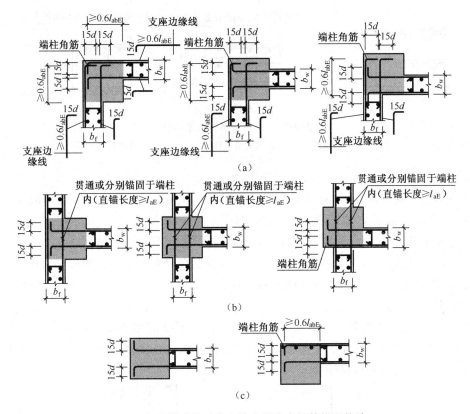

图 4-22 设置端柱时剪力墙水平分布钢筋锚固构造

（a）端柱转角墙 （b）端柱翼墙 （c）端柱端部墙

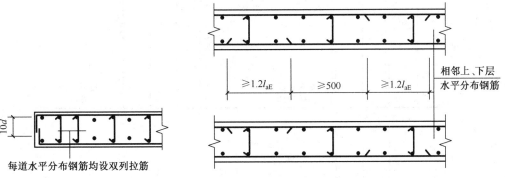

图 4-23 无暗柱时水平分布钢筋锚固构造

图 4-24 剪力墙水平分布钢筋交错搭接

（4）剪力墙水平分布钢筋多排配筋构造。当 b_w（墙厚度）$\leqslant$400mm 时，剪力墙设置双排配筋，如图 4-25（a）所示；当 400mm$<b_w$（墙厚度）$\leqslant$700mm 时，剪力墙设置三排配筋，如图 4-25（b）所示；当 b_w（墙厚度）$>$700mm 时，剪力墙设置四排配筋，如图 4-25（c）所示。

2. 剪力墙身竖向钢筋构造

（1）剪力墙身竖向分布钢筋连接构造。剪力墙身竖向分布钢筋通常采用搭接、机械和焊接连接三种连接方式。

1）当采用机械连接时，纵筋机械连接接头错开 35d；机械连接的连接点距离结构层顶面

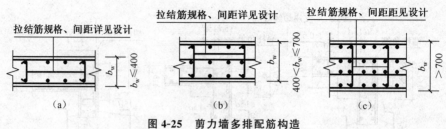

图 4-25　剪力墙多排配筋构造

(a)剪力墙双排配筋　(b)剪力墙三排配筋　(c)剪力墙四排配筋

(基础顶面)或底面≥500mm,如图 4-26(b)所示。

2)当采用焊接连接时,纵筋焊接连接接头错开 35d 且≥500mm;焊接连接的连接点距离结构层顶面(基础顶面)或底面≥500mm,如图 4-26(c)所示。

3)当采用搭接连接时,根据部位及抗震等级的不同,可分为两种情况。

①一、二级抗震等级剪力墙底部加强部位:墙身竖向分布钢筋可在楼层层间任意位置搭接连接,搭接长度为 $1.2l_{aE}$ 止,搭接接头错开距离 500mm 如图 4-26(a)所示。钢筋直径大于 28mm 时不宜采用搭接连接。

②一、二级抗震等级剪力墙非底部加强部位或三、四级抗震等级剪力墙:墙身竖向分布钢筋可在楼层层间同一位置搭接连接,搭接长度为 $1.2l_{aE}$ 止如图 4-26(d)所示。钢筋直径大于 28mm 时不宜采用搭接连接。

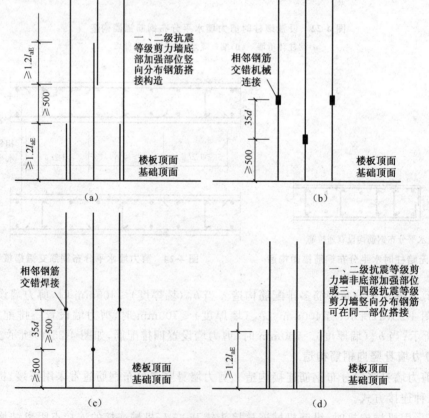

图 4-26　剪力墙身竖向分布钢筋连接构造

（2）剪力墙竖向钢筋多排配筋构造。当 b_w（墙厚度）≤400mm 时，剪力墙设置双排配筋，如图 4-27（a）所示；当 400mm＜b_w（墙厚度）≤700mm 时，剪力墙设置三排配筋，如图 4-27（b）所示；当 b_w（墙厚度）＞700mm 时，剪力墙设置四排配筋，如图 4-27（c）所示。

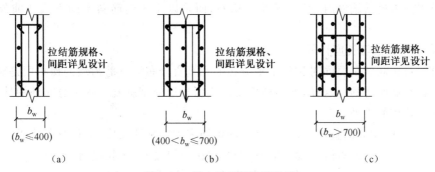

图 4-27　剪力墙多排配筋构造

（a）剪力墙双排配筋　（b）剪力墙三排配筋　（c）剪力墙四排配筋

（3）剪力墙竖向钢筋顶部构造。如图 4-28 所示，竖向分布筋伸至剪力墙顶部后弯折，弯折长度为 $12d$（$15d$），（括号内数值是考虑屋面板上部钢筋与剪力外侧竖向钢筋搭接传力时的做法）；当一侧剪力墙有楼板时，墙柱钢筋均向楼板内弯折，当剪力墙两侧均有楼板时，竖向钢筋可分别向两侧楼板内弯折。而当剪力墙竖向钢筋在边框梁中锚固时，构造特点为：直锚 l_{aE}。

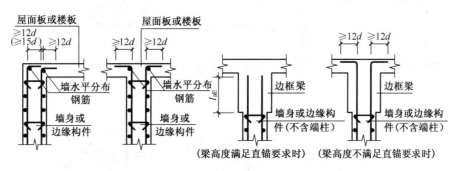

图 4-28　剪力墙竖向钢筋顶部构造

（4）剪力墙变截面处竖向钢筋构造。当剪力墙在楼层上下截面变化，变截面处的钢筋构造与框架柱相同。除端柱外，其他剪力墙柱变截面构造要求，如图 4-29 所示。

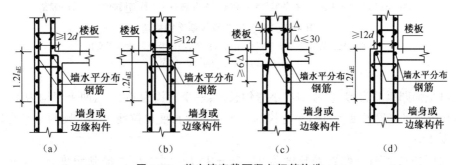

图 4-29　剪力墙变截面竖向钢筋构造

（a）边梁非贯通连接　（b）中梁非贯通连接　（c）中梁贯通连接　（d）边梁非贯通连接

变截面墙柱纵筋有两种构造形式:非贯通连接[图(a)、(b)、(d)]和斜锚贯通连接[图(c)]。

当采用纵筋非贯通连接时,下层墙柱纵筋伸至基础内变截面处向内弯折 $12d$,至对面竖向钢筋处截断,上层纵筋垂直锚入下柱 $1.2l_{aE}$。

当采用斜弯贯通锚固时,墙柱纵筋不切断,而是以 1/6 钢筋斜率的方式弯曲伸到上一楼层。

3. 剪力墙身拉筋长度计算

剪力墙身拉筋就是要同时钩住水平分布筋和垂直分布筋。剪力墙的保护层是对于剪力墙身水平分布筋而言的。这样,剪力墙厚度减去保护层厚度就到了水平分布筋的外侧,而拉筋钩在水平分布筋之外。

由上述可知,拉筋的直段长度(就是工程钢筋表中的标注长度)的计算公式为:

$$拉筋直段长度=墙厚-2×保护层厚度+2×拉筋直径$$

知道了拉筋的直段长度,再加上拉筋弯钩长度,就得到拉筋的每根长度。由图 4-30 可知,拉筋弯钩的平直段长度为 $10d$。

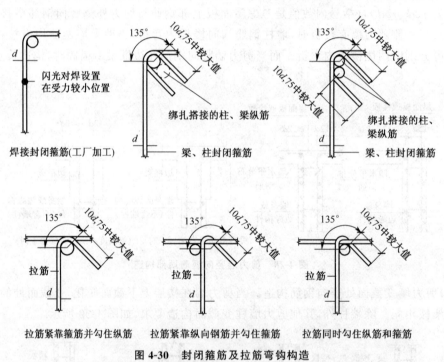

图 4-30　封闭箍筋及拉筋弯钩构造

(非框架梁以及不考虑地震作用的悬挑梁,箍筋及拉筋弯钩平直段

长度可为 $5d$;当其受扭时,应为 $10d$)

现以光面圆钢筋为例,它的 180°小弯钩长度:一个弯钩为 $6.25d$,两个弯钩为 $12.5d$;而 180°小弯钩的平直段长度为 $3d$,小弯钩的一个平直段长度比拉筋少 $7d$,则两个平直段长度比拉筋少 $14d$。

由此可知拉筋两个弯钩的长度为 $12.5d+14d=26.5d$,考虑到角度差异,可取其为 26d。所以:

$$拉筋每根长度＝墙厚－2×保护层厚度－2×拉筋直径＋26d$$

剪力墙其他构件的"拉筋"也可依照上述计算公式进行计算。

4. 剪力墙墙身竖向分布钢筋在基础中的构造

剪力墙墙身竖向分布钢筋在基础中共有三种构造,如图 4-31 所示。

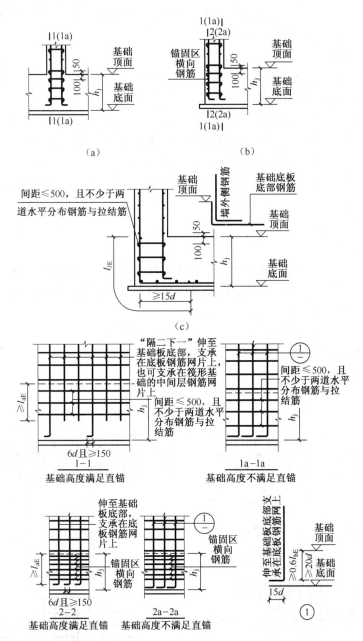

图 4-31 剪力墙墙身竖向分布钢筋在基础中构造

(a)保护层厚度＞5d (b)保护层厚度≤5d (c)搭接连接

(1)保护层厚度＞5d。

墙身两侧竖向分布钢筋在基础中构造见"1—1"剖面,可分为下列两种情况:

1)基础高度满足直锚:墙身竖向分布钢筋"隔二下一"伸至基础板底部,支承在底板钢筋网片上,也可支承在筏形基础的中间层钢筋网片上,弯折 $6d$ 且$\geqslant150$mm;墙身竖向分布钢筋在柱内设置间距$\leqslant500$mm,且不小于两道水平分布钢筋与拉结筋。

2)基础高度不满足直锚:墙身竖向分布钢筋伸至基础板底部,支承在底板钢筋网片上,且锚固垂直段$\geqslant0.6l_{abE}$,$\geqslant20d$,弯折 $15d$;墙身竖向分布钢筋在柱内设置间距$\leqslant500$mm,且不小于两道水平分布钢筋与拉结筋。

(2)保护层厚度$\leqslant5d$。

墙身内侧竖向分布钢筋在基础中构造见图 4-31(a)中"1—1"剖面,情况同上,在此不再赘述。

墙身外侧竖向分布钢筋在基础中构造见"2—2"剖面,可分为下列两种情况:

1)基础高度满足直锚。墙身竖向分布钢筋伸至基础板底部,支承在底板钢筋网片上,弯折 $6d$ 且$\geqslant150$mm;墙身竖向分布钢筋在柱内设置锚固横向钢筋,锚固区横向钢筋应满足直径$\geqslant d/4$(d 为纵筋最大直径),间距$\leqslant10d$(d 为纵筋最小直径)且$\leqslant100$mm 的要求。

2)基础高度不满足直锚。墙身竖向分布钢筋伸至基础板底部,支承在底板钢筋网片上,且锚固垂直段$\geqslant0.6l_{abE}$,$\geqslant20d$,弯折 $15d$;墙身竖向分布钢筋在柱内设置锚固横向钢筋,锚固区横向钢筋要求同上。

(3)搭接连接。

基础底板下部钢筋弯折段应伸至基础顶面标高处,墙外侧纵筋伸至板底后弯锚、与底板下部纵筋搭接"l_{lE}",且弯钩水平段$\geqslant15d$;墙身竖向分布钢筋在基础内设置间距$\leqslant500$mm,且不少于两道水平分布钢筋与拉结筋。

墙内侧纵筋在基础中的构造同上。

5. 剪力墙连梁配筋构造

剪力墙连梁配筋构造如图 4-32 所示。

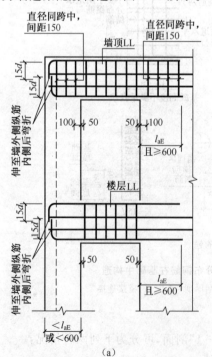
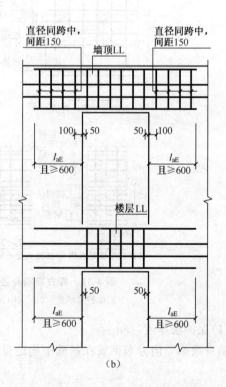

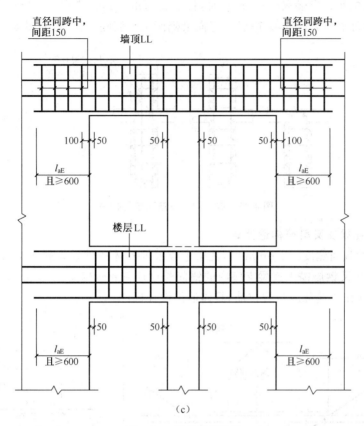

图 4-32　连梁配筋构造

(a)小墙垛处洞口连梁(端部墙肢较短)　(b)单洞口连梁(单跨)　(c)双洞口连梁(双跨)

连梁以暗柱或端柱为支座,连梁主筋锚固起点应从暗柱或端柱的边缘算起。

(1)连梁纵筋锚入暗柱或端柱的锚固方式和锚固长度。

1)小墙垛处洞口连梁(端部墙肢较短):当端部洞口连梁的纵向钢筋在端支座(暗柱或端柱)的直锚长度 $\geqslant l_{aE}$ 时,可不必向上(下)弯锚,连梁纵筋在中间支座的直锚长度为 l_{aE} 且 $\geqslant 600$mm;当暗柱或端柱的长度小于钢筋的锚固长度时,连梁纵筋伸至暗柱或端柱外侧纵筋的内侧弯钩 $15d$。

2)单洞口连梁(单跨):连梁纵筋在洞口两端支座的直锚长度为 l_{aE} 且 $\geqslant 600$mm。

3)双洞口连梁(双跨):连梁纵筋在双洞口两端支座的直锚长度为 l_{aE} 且 $\geqslant 600$mm,洞口之间连梁通长设置。

(2)连梁箍筋的设置。

1)楼层连梁的箍筋仅在洞口范围内布置。第一个箍筋在距支座边缘 50mm 处设置。

2)墙顶连梁的箍筋在全梁范围内布置。洞口范围内的第一个箍筋在距支座边缘 50mm 处设置;支座范围内的第一个箍筋在距支座边缘 100mm 处设置。

3)箍筋计算

$$连梁箍筋高度=梁高-2\times保护层-2\times箍筋直径$$
$$连梁箍筋宽度=梁宽-2\times保护层-2\times水平分布筋直径-2\times箍筋直径$$

（3）连梁的拉筋。当梁宽≤350mm 时,拉筋直径取 6mm;梁宽＞350mm 时,拉筋直径取 8mm。拉筋间距为 2 倍的箍筋间距,竖向沿侧面水平筋隔一拉一,如图 4-33 所示。

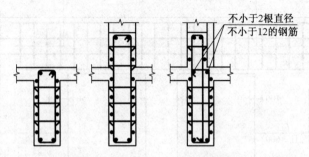

图 4-33　连梁侧面纵筋和拉筋构造

6. 剪力墙连梁交叉斜筋构造计算

当洞口连梁截面宽度≥250mm 时,连梁中应根据具体条件设置斜向交叉配筋,如图 4-34 所示。斜向交叉钢筋锚入连梁支座内的锚固长度应≥max(l_{aE},600mm);交叉斜筋配筋连梁的对角斜筋在梁端部应设置拉筋,具体值见设计标注。

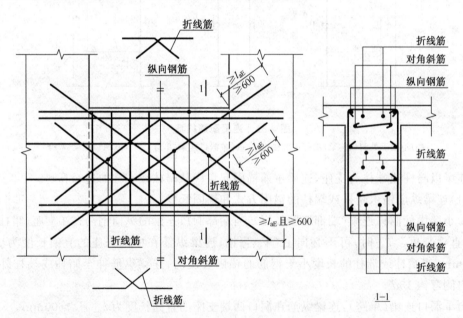

图 4-34　剪力墙连梁交叉斜筋构造

连梁配筋计算公式如下:

（1）连梁斜向交叉钢筋:

$$长度 = \sqrt{h^2 + l_0^2} + 2 \times \max(l_{aE}, 600)（其中 h 为连梁的梁高, l_0 为连梁的跨度）$$

（2）折线筋:

$$长度 = l_0/2 + \sqrt{h^2 + l_0^2}/2 + 2 \times \max(l_{aE}, 600)$$

（注:交叉斜筋配筋连梁的水平分布钢筋及箍筋形成的钢筋网之间应采用拉筋拉结,拉筋直径不宜小于 6mm,间距不宜大于 400mm。）

7. 剪力墙洞口补强构造

(1)连梁中部洞口。连梁中部圆形洞口补强钢筋构造如图4-35所示。

连梁圆形洞口直径不能大于300mm、不能大于连梁高度的1/3,而且,连梁圆形洞口必须开在连梁的中部位置,洞口到连梁上下边缘的净距离不能小于200mm和不能小于1/3的梁高。

(2)矩形洞口。

1)矩形洞口。矩形洞宽和洞高均不大于800mm时,洞口补强钢筋的构造如图4-36所示。

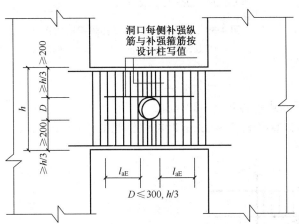

图4-35　连梁中部圆形洞口补强钢筋构造

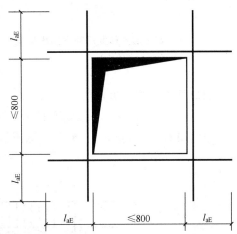

图4-36　剪力墙矩形洞口补强钢筋构造
(剪力墙矩形洞口宽度和高度均不大于800mm)

洞口每侧补强钢筋按设计注写值。补强钢筋两端锚入墙内的长度为 l_{aE},洞口被切断的钢筋设置弯钩,弯钩长度为过墙中线加 $5d$(即墙体两面的弯钩相互交错 $10d$),补强纵筋固定在弯钩内侧。

2)剪力墙矩形洞口宽度或高度均大于800mm 时的洞口需补强暗梁,如图4-37所示,配筋具体数值按设计要求。

当洞口上边或下边为连梁时,不再重复补强暗梁,洞口竖向两侧设置剪力墙边缘构件。洞口被切断的剪力墙竖向分布钢筋设置弯钩,弯钩长度为15d,在暗梁纵筋内侧锚入梁中。

(3)圆形洞口。

1)洞口直径≤300mm。剪力墙圆形洞口直径不大于300mm时补强钢筋的构造如图4-38所示。

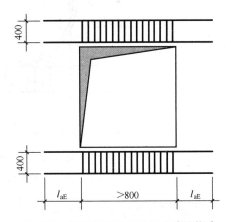

图4-37　剪力墙矩形洞口补强暗梁构造
(剪力墙矩形洞口宽度和高度均大于800mm)

洞口补强钢筋每边直锚 l_{aE}。

$$补强筋长度 = D + 2 \times l_{aE}。$$

2)300mm<洞口直径≤800mm。剪力墙圆形洞口直径大于 300mm 且小于等于

800mm 时补强钢筋的构造如图 4-39 所示。

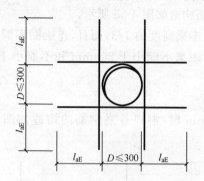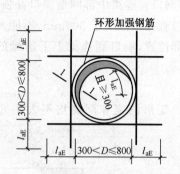

图 4-38　剪力墙圆形洞口补强钢筋构造
（圆形洞口直径不大于 300mm）

图 4-39　剪力墙圆形洞口补强钢筋构造
（圆形洞口直径大于 300mm 且小于等于 800mm）

洞口补强钢筋每边直锚 l_{aE}。

$$补强钢筋长度＝正六边形边长 a＋2×l_{aE}。$$

3）洞口直径＞800mm。剪力墙圆形洞口直径大于 800mm 时补强钢筋的构造如图 4-40 所示。

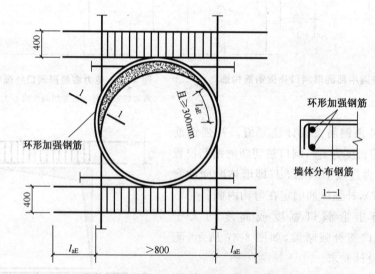

图 4-40　剪力墙矩形洞口补强钢筋构造
（剪力墙矩形洞口宽度和高度均大于 800mm）

洞口上下补强暗梁配筋按设计标注。当洞口上边或下边为剪力墙连梁时，不再重复设置补强暗梁。

二、计算实例

【例 4-3】　Q1 平法施工图及其墙身内侧钢筋图示见图 4-41。其中，混凝土强度等级为 C30，抗震等级为一级。试求 1 号筋及 2 号筋长度。

解　由混凝土强度等级 C30 和一级抗震，查表 1-2 得：墙钢筋混凝土保护层厚度 $c_{墙}＝15mm$。

$$1 号筋长度＝墙长－保护层＋弯折 15d$$

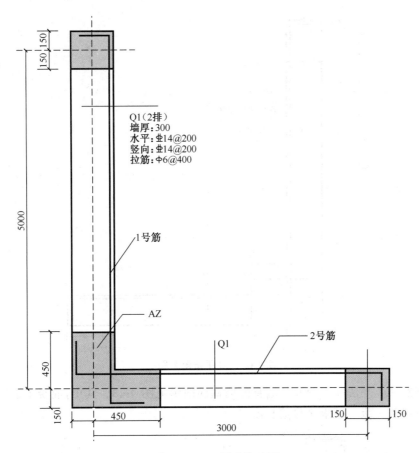

图 4-41　Q1 平法施工图

$$=5000+2\times150-2\times15+2\times15\times14$$
$$=5690(\text{mm})$$

2 号筋长度＝墙长－保护层＋弯折 15d
$$=3000+2\times150-2\times15+2\times15\times14$$
$$=3690(\text{mm})$$

【例 4-4】　Q2 平法施工图及其墙身内侧钢筋图示见图 4-42。其中，混凝土强度等级为 C30，抗震等级为一级。试求 1 号筋及 2 号筋长度。

解　由混凝土强度等级 C30 和一级抗震，查表 1-2 得：墙钢筋混凝土保护层厚度 $c_{墙}=15\text{mm}$。

1 号筋长度＝墙长－保护层＋暗柱端弯锚＋端柱直锚
$$=5000-450+200-15+15\times14+(600-20)$$
$$=5525(\text{mm})$$

（满足直锚条件时也要伸至支座对边）

2 号筋长度＝墙长－保护层＋暗柱端弯锚＋端柱直锚
$$=3000-450+200-15+15\times14+(600-20)$$
$$=3525(\text{mm})$$

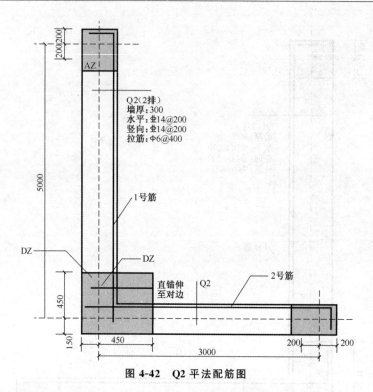

图 4-42　Q2 平法配筋图

【例 4-5】　Q3 平法施工图及其墙身外侧钢筋图示见图 4-43。其中,混凝土强度等级为 C30,抗震等级为一级。试求 1 号筋长度。

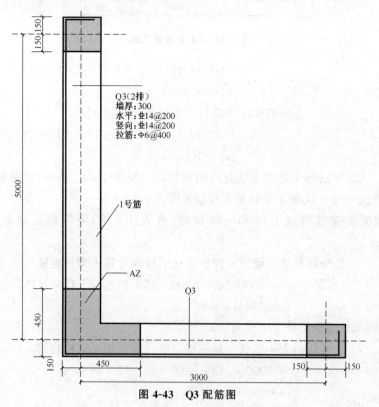

图 4-43　Q3 配筋图

解　由混凝土强度等级 C30 和一级抗震,查表 1-2 得:墙钢筋混凝土保护层厚度 $c_{梁}=15\text{mm}$。

$$1号筋长度=墙长-保护层+弯折15d$$
$$=(5000+2\times150-2\times15)+(3000+2\times150-2\times15)$$
$$+(2\times15\times14)$$
$$=8960(\text{mm})$$

【例 4-6】　Q4 平法施工图及其墙身外侧钢筋图示见图 4-44。其中,混凝土强度等级为 C30,抗震等级为一级。试求 1 号筋及 2 号筋长度。

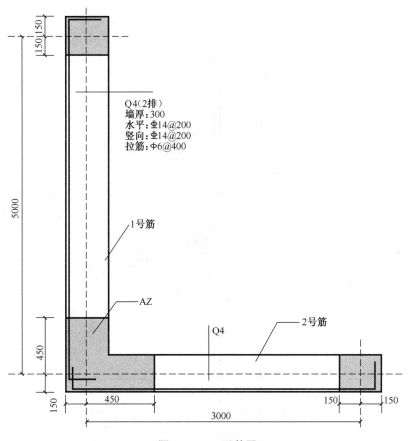

图 4-44　Q4 配筋图

解　由混凝土强度等级 C30 和一级抗震,查表 1-2 得:墙钢筋混凝土保护层厚度 $c_{梁}=15\text{mm}$。

$$1号筋长度=墙长-保护层+弯折15d$$
$$=(5000+2\times150-2\times15)+15\times14$$
$$=5480(\text{mm})$$
$$2号筋长度=墙长-保护层+弯折15d$$
$$=(3000+2\times150-2\times15)+15\times14$$
$$=3480(\text{mm})$$

【例 4-7】 Q5 竖向钢筋图示见图 4-45。其中,混凝土强度等级为 C30,抗震等级为一级。试求 1 号筋、2 号筋、3 号筋、4 号筋的长度。

层号	顶标高	层高	顶梁高
4	15.87	3.6	700
3	12.27	3.6	700
2	8.67	4.2	700
1	4.47	4.5	700
基础	−1.03	基础厚800	—

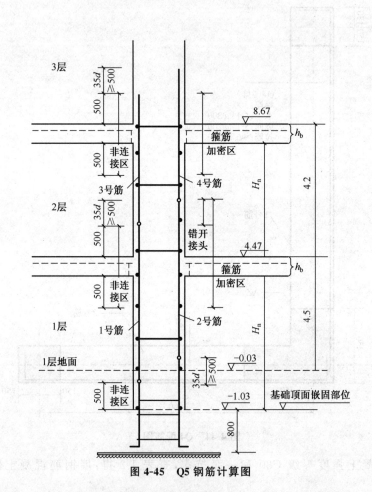

图 4-45　Q5 钢筋计算图

解　由混凝土强度等级 C30 和一级抗震,查表 1-2 得:基础钢筋保护层厚度 $c_{基础}$ =40mm。

1 号筋长度＝层高－基础顶面非连接区高度＋伸入上层非连接区高度(首层从基础顶面算起)

　　　　＝(4500＋1000)−500＋500

　　　　＝5500(mm)

2 号筋长度＝层高－基础顶面非连接区高度＋伸入上层非连接区高度(首层从基础顶面算起)

　　　　＝(4500＋1000)−(500＋35d)＋(500＋35d)

$$=5500(\text{mm})$$

3 号筋长度＝层高－本层非连接区高度＋伸入上层非连接区高度

$$=4200-500+500$$

$$=4200(\text{mm})$$

4 号筋长度＝层高－本层非连接区高度＋伸入上层非连接区高度

$$=4200-(500+35d)+(500+35d)$$

$$=4200(\text{mm})$$

【例 4-8】 洞口表标注为"JD1 300×300 3.100"，计算补强纵筋的长度。其中，混凝土强度等级为 C30，纵向钢筋 HRB400 级钢筋。

解 由于缺省标注补强钢筋，默认的洞口每边补强钢筋为 $2\Phi12$，对于洞宽、洞高均不大于 300mm 的洞口不考虑截断墙身水平分布筋和垂直分布筋，因此以上补强钢筋无须进行调整。

补强纵筋 $2\Phi12$ 是指洞口一侧的补强纵筋，因此，补强纵筋的的总数应该是 $8\Phi12$。

水平方向补强纵筋长度＝洞口宽度$+2\times l_{aE}$

$$=300+2\times40\times12$$

$$=1260(\text{mm})$$

垂直方向补强纵筋长度＝洞口宽度$+2\times l_{aE}$

$$=300+2\times40\times12$$

$$=1260(\text{mm})$$

【例 4-9】 洞口表标注为"JD5 1800×2100 1.800 $6\Phi20$ $\phi8@200$"，其中，剪力墙厚 300mm，混凝土强度等级为 C25，纵向钢筋 HRB400 级钢筋，墙身水平分布筋和垂直分布筋均为 $\Phi12@250$。计算补强纵筋的长度。

解

补强暗梁的纵筋长度$=1800+2\times l_{aE}$

$$=1800+2\times40\times20$$

$$=3400(\text{mm})$$

每个洞口上下的补强暗梁纵筋总数为 $12\Phi20$。

补强暗梁纵筋的每根长度为 3400mm，但补强暗梁箍筋只在洞口内侧 50mm 处开始设置，所以：

一根补强暗梁的箍筋根数$=(1800-50\times2)/200+1$

$$=10(\text{根})$$

一个洞口上下两根补强暗梁的箍筋总根数为 20 根。

箍筋宽度$=300-2\times15-2\times12-2\times8$

$$=230(\text{mm})$$

箍筋高度为 400mm，则：

箍筋的每根长度$=(230+400)\times2+20\times8$

$$=1420(\text{mm})$$

【例 4-10】 端部洞口连梁 LL5 施工图，见图 4-46。设混凝土强度为 C30，抗震等级为一级，计算连梁 LL5 中间层的各种钢筋。

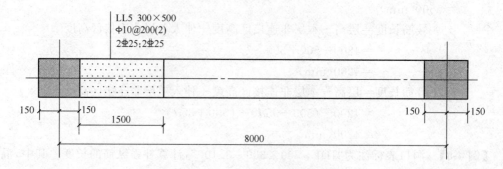

图 4-46　LL5 钢筋计算图

解　(1)上、下部纵筋

计算公式＝净长＋左端柱内锚固＋右端直锚

$$左端支座锚固＝h_c-c+15d$$
$$＝300-15+15×25$$
$$＝660(mm)$$

$$右端直锚固长度＝max(l_{aE},600)$$
$$＝max(38×25,600)$$
$$＝950(mm)$$

总长度＝1500＋660＋950＝3110(mm)

(2)箍筋长度

$$箍筋长度＝2×[(300-2×15)+(500-2×15)]+2×11.9×10$$
$$＝1718(mm)$$

(3)箍筋根数

$$洞宽范围内箍筋根数＝\frac{1500-2×50}{200}+1＝8(根)$$

第三节　梁构件计算方法与实例

一、计算方法

1. 楼层框架梁钢筋构造

楼层框架梁纵向钢筋构造如图 4-47 所示。

(1)框架梁上部纵筋。框架梁上部纵筋包括:上部通长筋、支座上部纵向钢筋(即支座负筋)和架立筋。这里所介绍的内容同样适用于屋面框架梁。

1)框架梁上部通长筋。根据《建筑抗震设计规范》(GB 50011—2010)第 6.3.4 条规定:梁端纵向钢筋的配筋率不宜大于 2.5%。沿梁全长顶面、底面的配筋,一、二级不应少于 2φ14,且分别不应少于梁顶面、地面两端纵向配筋中较大截面面积的 1/4;三、四级不应少于 2φ12。16G101-1 图集第 4.2.3 条指出:通长筋可为相同或不同直径采用搭接连接、机械连接或焊接的钢筋。由此可看出:

①上部通长筋的直径可以小于支座负筋,这时,处于跨中上部通长筋就在支座负筋的分

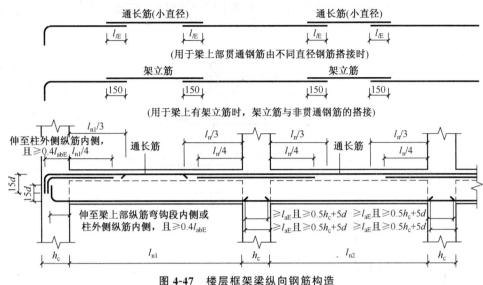

图 4-47　楼层框架梁纵向钢筋构造

界处($l_n/3$ 处)与支座负筋进行连接,根据这一点,可以计算出上部通长筋的长度。

②上部通长筋与支座负筋的直径相等时,上部通长筋可以在 $l_n/3$ 的范围内进行连接,这时,上部通长筋的长度可以按贯通筋计算。

2)支座负筋的延伸长度。"支座负筋延伸长度"在不同部位是有差别的。

在端支座部位,框架梁端支座负筋的延伸长度为:第一排支座负筋从柱边开始延伸至 $l_{n1}/3$ 位置;第二排支座负筋从柱边开始延伸至 $l_{n1}/4$ 位置。(l_{n1} 是边跨的净跨长度)

在中间支座部位,框架梁支座负筋的延伸长度为:第一排支座负筋从柱边开始延伸至 $l_{n1}/3$ 位置;第二排支座负筋从柱边开始延伸至 $l_{n1}/4$ 位置。(l_n 是支座两边的净跨长度 l_{n1} 和 l_{n2} 的最大值)

3)框架梁架立筋构造。架立筋是梁的一种纵向构造钢筋。当梁顶面箍筋转角处无纵向受力钢筋时,应设置架立筋。架立筋的作用是形成钢筋骨架和承受温度收缩应力。

由图 4-46 可以看出,当设有架立筋时,架立筋与非贯通钢筋的搭接长度为 150,因此,可得出架立筋的长度是逐跨计算的,每跨梁的架立筋长度为:

$$架立筋的长度 = 梁的净跨长度 - 两端支座负筋的延伸长度 + 150 \times 2$$

当梁为"等跨梁"时,

$$架立筋的长度 = l_n/3 + 150 \times 2$$

(2)框架梁下部纵筋构造。

1)框架梁下部纵筋的配筋方式基本上是"按跨布置",即在中间支座锚固。

2)钢筋"能通则通"一般是对于梁的上部纵筋说的,梁的下部纵筋则不强调"能通则通",主要原因在于框架梁下部纵筋如果做贯通筋处理的话,很难找到钢筋的连接点。

3)框架梁下部纵筋连接点分析:

①梁的下部钢筋不能在下部跨中进行连接,因为,下部跨是正弯矩最大的地方,钢筋不允许在此范围内连接。

②梁的下部钢筋在支座内连接也是不可行的,因为,在梁柱交叉的节点内,梁纵筋和柱纵筋都不允许连接。

（3）框架梁中间支座纵向钢筋构造。框架梁中间支座纵向钢筋构造共有三种情况,如图4-48所示。

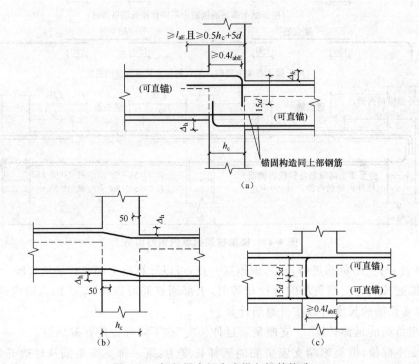

图 4-48　框架梁中间支座纵向钢筋构造

(a)$\Delta_h/(h_c-50)>1/6$　(b)$\Delta_h/(h_c-50)\leqslant1/6$　(c)支座两边梁不同

1)当 $\Delta_h/(h_c-50)>1/6$ 时,高梁上部纵筋弯锚水平段长度$\geqslant0.4l_{abE}$,弯钩长度为 $15d$,低梁下部纵筋直锚长度为$\geqslant l_{aE}$且$\geqslant0.5h_c+5d$。梁下部纵筋锚固构造同上部纵筋。

2)当 $\Delta_h/(h_c-50)\leqslant1/6$ 时,梁上部(下部)纵筋可连续布置(弯曲通过中间节点)。

3)楼层框架梁中间支座两边框架梁宽度不同或错开布置时,无法直通的纵筋弯锚入柱内;或当支座两边纵筋根数不同时,可将多出的纵筋弯锚入柱内。锚固的构造要求:上部纵筋弯锚入柱内,弯折段长度为 $15d$,下部纵筋锚入柱内平直段长度$\geqslant0.4l_{abE}$,弯折长度为 $15d$。

（4）框架梁端支座节点构造。框架梁端支座节点构造如图 4-48 所示。

如图 4-49(a)所示,当端支座弯锚时,上部纵筋伸至柱外侧纵筋内侧弯折 $15d$,下部纵筋伸至梁上部纵筋弯钩段内侧或柱外侧纵筋内侧弯折 $15d$,且直锚水平段均应$\geqslant0.4l_{abE}$。

如图 4-49(b)所示,当端支座直锚时,上下部纵筋伸入柱内的直锚长度$\geqslant l_{aE}$,且$\geqslant0.5h_c+5d$。

如图 4-49(c)所示,当端支座加锚头(锚板)锚固时,上下部纵筋伸至柱外侧纵筋内侧,且直锚长度$\geqslant0.4l_{abE}$。

（5）框架梁侧面纵筋的构造。框架梁侧面纵向构造钢筋和拉筋构造如图 4-50 所示。

1)当 $h_w\geqslant450$mm 时,在梁的两个侧面应沿高度配置纵向构造钢筋;纵向构造钢筋间距 $a\leqslant200$mm。

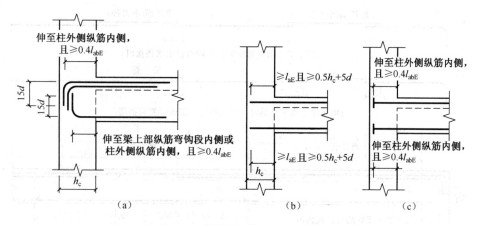

图 4-49　框架梁端支座节点构造

(a)端支座弯锚　　(b)端支座直锚　　(c)端支座加锚头(锚板)锚固

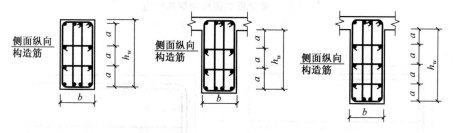

图 4-50　框架梁侧面纵向构造钢筋和拉筋

2)当梁侧面配有直径不小于构造纵筋的受扭纵筋时,受扭钢筋可以代替构造钢筋。

3)梁侧面构造纵筋的搭接与锚固长度可取 $15d$。梁侧面受扭纵筋的搭接长度为 l_{lE} 或 l_l,其锚固长度为 l_{aE} 或 l_a,锚固方式同框架梁下部纵筋。

4)当梁宽≤350mm 时,拉筋直径为 6mm;梁宽>350mm 时,拉筋直径为 8mm。拉筋间距为非加密区箍筋间距的 2 倍。当设有多排拉筋时,上下两排拉筋竖向错开设置。

2. 屋面框架梁钢筋构造

(1)屋面框架梁纵向钢筋构造如图 4-51 所示。

(2)屋面框架梁上部与下部纵筋在端支座锚固如图 4-52 所示。

(3)屋面框架梁中间支座纵向钢筋构造如图 4-53 所示。

屋面框架梁上部贯通筋长度=通跨净长+(左端支座宽-保护层)+(右端支座宽-保护层)+弯折(梁高-保护层)×2

屋面框架梁上部第一排端支座负筋长度=净跨 $l_{n1}/3$+(左端支座宽-保护层)+弯折(梁高-保护层)

屋面框架梁上部第二排端支座负筋长度=净跨 $l_{n1}/4$+(左端支座宽-保护层)+弯折(梁高-保护层)

3. 非框架梁钢筋构造

非框架梁钢筋构造如图 4-54 所示。

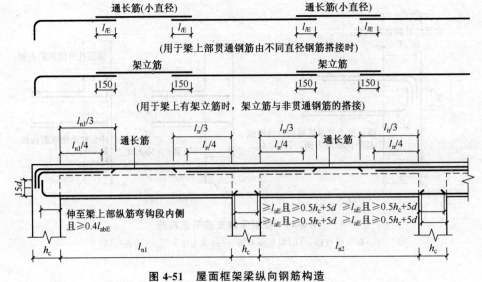

图 4-51 屋面框架梁纵向钢筋构造

h_c—柱截面沿框架方向的高度 d—钢筋直径

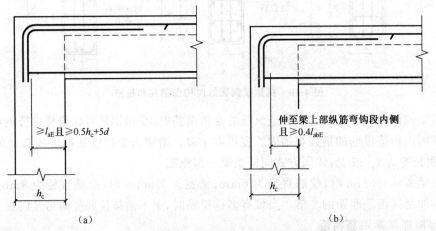

（a）   （b）

图 4-52 屋面框架梁上部与下部纵筋在端支座锚固构造

（a）端支座直锚   （b）端支座加锚头/锚板

非框架梁上部纵筋长度＝通跨净长 l_n＋左支座宽＋右支座宽－2×保护层厚度＋2×15d

（1）非框架梁为弧形梁。

当非框架梁直锚时：

$$下部通长筋长度＝通跨净长 l_n＋2×l_a$$

当非框架梁不为直锚时：

$$下部通长筋长度＝通跨净长 l_n＋左支座宽＋右支座宽－2×保护层厚度＋2×15d$$

$$非框架梁端支座负筋长度＝l_n/3＋支座宽－保护层厚度＋15d$$

$$非框架梁中间支座负筋长度＝\max(l_n/3,2l_n/3)＋支座宽$$

（2）非框架梁为直梁。

$$下部通长筋长度＝通跨净长 l_n＋2×12d$$

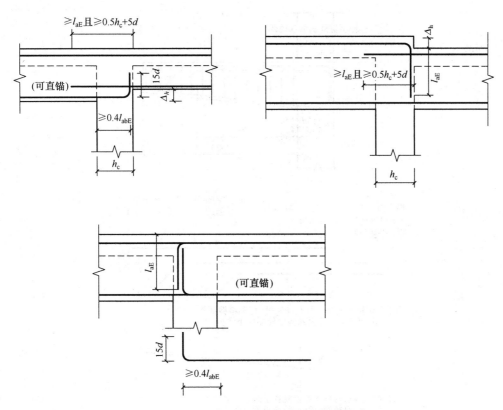

图 4-53　屋面框架梁中间支座纵向钢筋构造

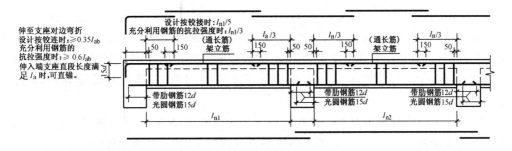

图 4-54　非框架梁钢筋构造

当梁下部纵筋为光面钢筋时

$$下部通长筋长度 = 通跨净长\ l_n + 2 \times 15d$$

$$非框架梁端支座负筋长度 = l_n/5 + 支座宽 - 保护层厚度 + 15d$$

当端支座为柱、剪力墙、框支梁或深梁时

$$非框架梁端支座负筋长度 = l_n/3 + 支座宽 - 保护层厚度 + 15d$$

$$非框架梁中间支座负筋长度 = \max(l_n/3, 2l_n/3) + 支座宽$$

4. 悬挑梁钢筋构造

(1)纯悬挑梁。纯悬挑梁配筋构造如图 4-55 所示。

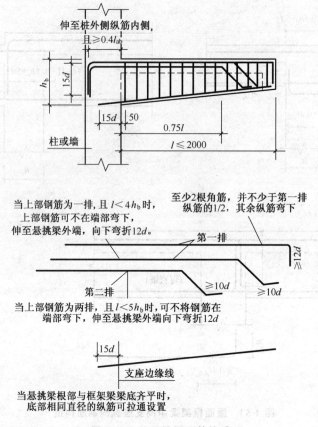

图 4-55　纯悬挑梁配筋构造

1)上部给筋构造。

①第一排上部纵筋,"至少 2 根角筋,并不少于第一排纵筋的 1/2"的上部纵筋一直伸到悬挑梁端部,再拐直角弯直伸到梁底,"其余给筋弯下"(即钢筋在端部附近下完 90°斜坡)。当上部钢筋为一排,且 $l<4h_b$ 时,上部钢筋可不在端部弯下,伸至悬挑梁外端,向下弯折 $12d$。

②第二排上部纵筋伸至悬挑端长度的 0.75 处,弯折到梁下部,再向梁尽端弯折 $\geq 10d$。当上部钢筋为两排,且 $l<5h_b$ 时,可不将钢筋在端部弯下,伸至悬挑梁外端向下弯折 $12d$。

2)下部纵筋构造。

下部纵筋在制作中的锚固长度为 $15d$。当悬挑梁根部与框架梁梁底齐平时,底部相同直径的纵筋可拉通设置。

(2)其他各类梁的悬挑端配筋构造。各类梁的悬挑端配筋构造如图 4-55 所示。

图 4-56(a):悬挑端有框架梁平伸出,上部第二排纵筋在伸出 $0.75l$ 之后,弯折到梁下部,再向梁尽端弯出 $\geq 10d$。下部纵筋直锚长度 $15d$。

图 4-56(b):当悬挑端比框架梁低 $\Delta_h[\Delta_h/(h_c-50)>1/6]$ 时,仅用于中间层;框架梁弯锚水平段长度 $\geq 0.4l_{ab}(0.4l_{abE})$,弯钩 $15d$;悬挑端上部纵筋直锚长度 $\geq l_a$ 且 $\geq 0.5h_c+5d$。

图 4-56(c):当悬挑端比框架梁低 $\Delta_h[\Delta_h/(h_c-50)\leq 1/6]$ 时,上部纵筋连续布置,用于中间层,当支座为梁时也可用于屋面。

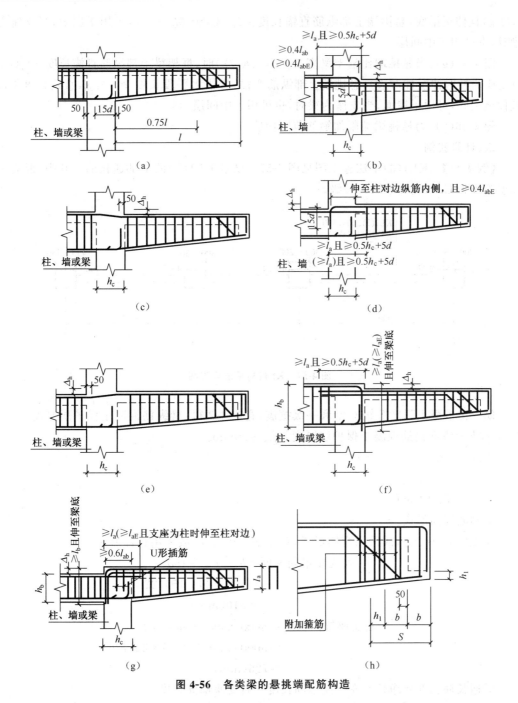

图 4-56　各类梁的悬挑端配筋构造

图 4-56(d)：当悬挑端比框架梁低 $\Delta_h[\Delta_h/(h_c-50)\leqslant1/6]$ 时，仅用于中间层；悬挑端上部纵筋弯锚，弯锚水平段伸至对边纵筋内侧，且 $\geqslant0.4l_{ab}$，弯钩 $15d$；框架梁上部纵筋直锚长度 $\geqslant l_a$ 且 $\geqslant0.5h_c+5d$（l_{aE} 且 $\geqslant0.5h_c+5d$）。

图 4-56(e)：当悬挑端比框架梁高 $\Delta_h[\Delta_h/(h_c-50)\leqslant1/6]$ 时，上部纵筋连续布置，用于中间层，当支座为梁时也可用于屋面。

图 4-56(f)：当悬挑端比框架梁低 $\Delta_h[\Delta_h\leqslant h_b/3]$ 时，框架梁上部纵筋弯锚，直钩长度 $\geqslant$

$l_a(l_{aE})$且伸至梁底,悬挑端上部纵筋直锚长度$\geqslant l_a$且$\geqslant 0.5h_c+5d$,可用于屋面,当支座为梁时,也可用于中间层。

图 4-56(g):当悬挑端比框架梁高 $\triangle_h(\triangle_h \leqslant h_b/3)$时,框架梁上部纵筋直锚长度$\geqslant l_a(l_{aE}$且支座为柱时伸至柱对边),悬挑端上部纵筋弯锚,弯锚水平段长度$\geqslant 0.6l_{ab}$,直钩长度$\geqslant l_a$且伸至梁底,可用于屋面,当支座为梁时,也可用于中间层。

图 4-56(h):为悬挑梁端附加箍筋范围构造。

二、计算实例

【例 4-11】 KL1(3)平法施工图见图 4-57。试求 KL1(3)的上部通长筋。其中,混凝土强度等级为 C30,抗震等级为一级。

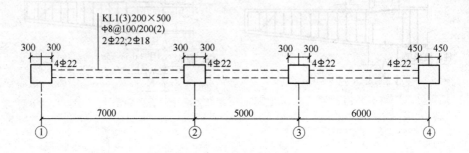

图 4-57　KL1(3)平法施工图

解 由混凝土强度等级 C30 和一级抗震,查表 1-2 得:梁纵筋混凝土保护层厚度 $c_{梁}=20\text{mm}$,支座纵筋钢筋混凝土保护层厚度 $c_{支座}=30\text{mm}$。

①$l_{aE}=33d$

$\quad\quad =33\times 22$

$\quad\quad =726(\text{mm})$

②判断锚固形式。

左支座 $600<l_{aE}$,故采用弯锚形式;右支座 $900>l_{aE}$,故采用直锚形式。

$$左支座锚固长度=h_c-c_{梁}+15d$$
$$=600-20+15\times 22$$
$$=910(\text{mm})$$

$$右支座锚固长度=\max(0.5h_c+5d,l_{aE})$$
$$=\max(0.5\times 900+5\times 22,726)$$
$$=726(\text{mm})$$

③通长筋长度=净长+左支座锚固长度+右支座锚固长度
$$=(7000+5000+6000-750)+910+726$$
$$=18886(\text{mm})$$

【例 4-12】 KL2 平法施工图见图 4-58。试求 KL2 的上部通长筋。其中,混凝土强度等级为 C30,抗震等级为一级。

解 由混凝土强度等级 C30 和一级抗震,查表 1-2 得:梁纵筋混凝土保护层厚度 $c_{梁}=20\text{mm}$,支座纵筋钢筋混凝土保护层厚度 $c_{支座}=30\text{mm}$。

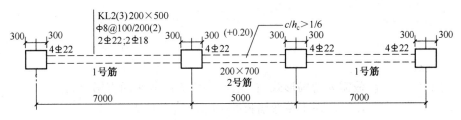

图 4-58　KL2 平法施工图

由于 $\Delta/h_c>1/6$，故上部通长筋按断开各自锚固计算。

①1 号筋（低标高钢筋）长度＝净长＋两端锚固

$$净长=7000-600$$
$$=6400(\mathrm{mm})$$
$$端支座弯锚=600-20+15\times22$$
$$=910(\mathrm{mm})$$
$$中间支座直锚=l_{aE}$$
$$=33d$$
$$=33\times22$$
$$=726(\mathrm{mm})$$
$$总长=6400+910+726$$
$$=8036(\mathrm{mm})$$

②2 号筋（高标高钢筋）长度＝净长＋两端锚固

$$净长=5000-600$$
$$=4400(\mathrm{mm})$$
$$两端伸入中间支座弯锚=600-20+15\times22$$
$$=910(\mathrm{mm})$$
$$总长=4400+910+910$$
$$=6220(\mathrm{mm})$$

【例 4-13】　KL3 平法施工图见图 4-59。试求 KL3 的下部通长筋。其中，混凝土强度等级为 C30，抗震等级为一级。

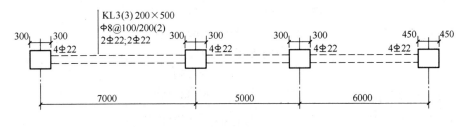

图 4-59　KL3 平法施工图

解　由混凝土强度等级 C30 和一级抗震，查表 1-2 得：梁纵筋混凝土保护层厚度 $c_{梁}=$ 20mm，支座纵筋钢筋混凝土保护层厚度 $c_{支座}=30$mm。

①$l_{aE}=33d$

$\quad\quad=33\times22$

$\quad\quad=726(mm)$

②判断锚固形式。

左支座 $600<l_{aE}$，故需要弯锚形式；右支座 $900>l_{aE}$，故采用直锚形式。

$$左支座弯锚长度=h_c-c_梁+15d$$
$$=600-20+15\times22$$
$$=910(mm)$$
$$右支座弯锚长度=\max(0.5h_c+5d,l_{aE})$$
$$=\max(0.5\times900+5\times22,726)$$
$$=726(mm)$$

③下部通长筋总长度＝净长＋左支座锚固＋右支座锚固

$$=(7000+5000+6000-750)+910+726$$
$$=18886(mm)$$

【例 4-14】　KL4 平法施工图见图 4-60。试求 KL4 的下部通常纵筋。其中，混凝土强度等级为 C30，抗震等级为一级。

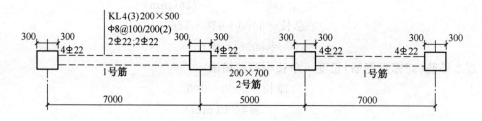

图 4-60　KL4 平法施工图

解　由混凝土强度等级 C30 和一级抗震，查表 1-2 得：梁纵筋混凝土保护层厚度 $c_梁=20mm$，支座纵筋钢筋混凝土保护层厚度 $c_{支座}=30mm$。

①1 号筋（高标高钢筋）长度＝净长＋一端直锚＋一端弯锚

$$净长=7000-600$$
$$=6400(mm)$$
$$端支座弯锚=600-20+15\times22$$
$$=910(mm)$$
$$中间支座直锚=l_{aE}$$
$$=33d$$
$$=33\times22$$
$$=726(mm)$$
$$总长=6400+910+726$$
$$=8036(mm)$$

②2 号筋（低标高钢筋）长度＝净长＋两端锚固

$$净长=5000-600$$

$$=4400(\text{mm})$$

$$两端伸入中间支座弯锚=600-20+15\times22$$

$$=910(\text{mm})$$

$$总长=4400+910+910$$

$$=6220(\text{mm})$$

【例 4-15】　KL5 平法施工图见图 4-61。试求 KL5 的支座负筋。其中,混凝土强度等级为 C30,抗震等级为一级。

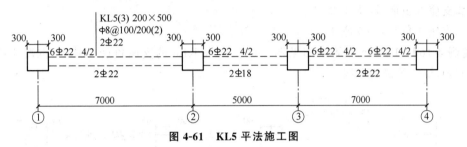

图 4-61　KL5 平法施工图

解　由混凝土强度等级 C30 和一级抗震,查表 1-2 得:梁纵筋混凝土保护层厚度 $c_{梁}=20\text{mm}$,支座纵筋钢筋混凝土保护层厚度 $c_{支座}=30\text{mm}$。

①支座 1(端支座)负筋长度=延伸长度+伸入支座锚固长度。

第一排支座负筋(2 根):

$$锚固长度=h_c-c_{梁}+15d$$
$$=600-20+15\times22$$
$$=910(\text{mm})$$

$$延伸长度=l_n/3$$
$$=(7000-600)/3$$
$$=2133(\text{mm})$$

$$总长=2133+910$$
$$=3043(\text{mm})$$

第二排支座负筋(2 根):

$$锚固长度=h_c-c_{梁}+15d$$
$$=600-20+15\times22$$
$$=910(\text{mm})$$

$$延伸长度=l_n/4$$
$$=(7000-600)/4$$
$$=1600(\text{mm})$$

$$总长=1600+910$$
$$=2510(\text{mm})$$

②支座 2(中间支座)负筋长度=支座宽度+两端延伸长度。

第一排支座负筋(2 根):

$$延伸长度=\max(7000-600,5000-600)/3$$
$$=2133(\text{mm})$$

$$总长 = 600 + 2 \times 2133$$
$$= 4866(\text{mm})$$

第二排支座负筋(2根)：

$$延伸长度 = \max(7000-600, 5000-600)/4$$
$$= 1600(\text{mm})$$
$$总长 = 600 + 2 \times 1600$$
$$= 3800(\text{mm})$$

③支座 3 负筋：同支座 2。

④支座 4 负筋：同支座 1。

【例 4-16】 KL6 平法施工图见图 4-62。试求 KL6 的支座负筋。其中,混凝土强度等级为 C30,抗震等级为一级。

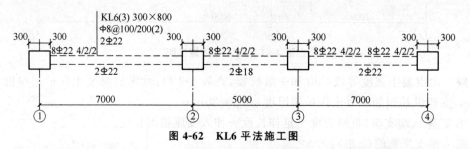

图 4-62　KL6 平法施工图

解　由混凝土强度等级 C30 和一级抗震,查表 1-2 得:梁纵筋混凝土保护层厚度 $c_{梁}$ = 20mm,支座纵筋钢筋混凝土保护层厚度 $c_{支座}$ = 30mm。

①支座 1(端支座)负筋长度 = 延伸长度 + 伸入支座锚固长度

第一排支座负筋(2根)：

$$锚固长度 = h_c - c_{梁} + 15d$$
$$= 600 - 20 + 15 \times 22$$
$$= 910(\text{mm})$$
$$延伸长度 = l_n/3$$
$$= (7000-600)/3$$
$$= 2133(\text{mm})$$
$$总长 = 2133 + 910$$
$$= 3043(\text{mm})$$

第二排支座负筋(2根)：

$$锚固长度 = h_c - c_{梁} + 15d$$
$$= 60 - 20 + 15 \times 22$$
$$= 910(\text{mm})$$
$$延伸长度 = l_n/4$$
$$= (7000-600)/4$$
$$= 1600(\text{mm})$$
$$总长 = 1600 + 910$$
$$= 2510(\text{mm})$$

第三排支座负筋(2根):

$$锚固长度 = h_c - c_梁 + 15d$$
$$= 600 - 20 + 15 \times 22$$
$$= 910(\text{mm})$$

$$延伸长度 = l_n/5$$
$$= (7000 - 600)/5$$
$$= 1280(\text{mm})$$

$$总长 = 1280 + 910$$
$$= 2190(\text{mm})$$

②支座2(中间支座)负筋长度=支座宽度+两端延伸长度

第一排支座负筋(2根):

$$延伸长度 = \max(7000 - 600, 5000 - 600)/3$$
$$= 2133(\text{mm})$$

$$总长 = 600 + 2 \times 2133$$
$$= 4866(\text{mm})$$

第二排支座负筋(2根):

$$延伸长度 = \max(7000 - 600, 5000 - 600)/4$$
$$= 1600(\text{mm})$$

$$总长 = 600 + 2 \times 1600$$
$$= 3800(\text{mm})$$

第三排支座负筋(2根):

$$延伸长度 = \max(7000 - 600, 5000 - 600)/5$$
$$= 1280(\text{mm})$$

$$总长 = 600 + 2 \times 1280$$
$$= 3160(\text{mm})$$

③支座3负筋:同支座2。

④支座4负筋:同支座1。

【例4-17】 KL7平法施工图见图4-63。试求KL7的支座负筋。其中,混凝土强度等级为C30,抗震等级为一级。

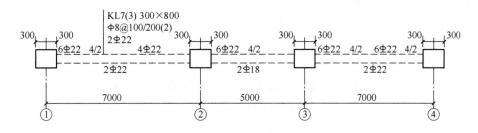

图4-63 KL7平法施工图

解 由混凝土强度等级C30和一级抗震,查表1-2得:梁纵筋混凝土保护层厚度 $c_梁 =$

20mm，支座纵筋钢筋混凝土保护层厚度 $c_{支座}=30mm$。

①支座 1 负筋。

端支座负筋计算公式：延伸长度＋伸入支座锚固长度

第一排支座负筋(2 根)：

$$锚固长度 = h_c - c_{梁} + 15d$$
$$= 600 - 20 + 15 \times 22$$
$$= 910 (mm)$$

$$延伸长度 = l_n/3$$
$$= (7000 - 600)/3$$
$$= 2133 (mm)$$

$$总长 = 2133 + 910$$
$$= 3043 (mm)$$

第二排支座负筋(2 根)：

$$锚固长度 = h_c - c_{梁} + 15d$$
$$= 600 - 20 + 15 \times 22$$
$$= 910 (mm)$$

$$延伸长度 = l_n/4$$
$$= (7000 - 600)/4$$
$$= 1600 (mm)$$

$$总长 = 1600 + 910$$
$$= 2510 (mm)$$

②支座 2(中间支座)负筋长度＝支座宽度＋两端延伸长度。

第一排支座负筋(2 根)：

$$延伸长度 = \max(7000 - 600, 5000 - 600)/3$$
$$= 2133 (mm)$$

$$总长 = 600 + 2 \times 2133$$
$$= 4866 (mm)$$

支座 2 右侧多出的负筋：

端支座负筋长度＝延伸长度＋伸入支座锚固长度

第二排支座负筋(2 根)：

$$锚固长度 = h_c - c_{梁} + 15d$$
$$= 600 - 20 + 15 \times 22$$
$$= 910 (mm)$$

$$延伸长度 = \max(7000 - 600, 5000 - 600)/4$$
$$= 1600 (mm)$$

$$总长 = 910 + 1600$$
$$= 2510 (mm)$$

③支座 3(中间支座)负筋长度＝支座宽度＋两端延伸长度

第一排支座负筋(2 根)：

$$延伸长度＝\max(7000-600,5000-600)/3$$

$$＝2133(\text{mm})$$

$$总长＝600+2\times2133$$

$$＝4886(\text{mm})$$

第二排支座负筋(2根):

$$延伸长度＝\max(7000-600,5000-600)/4$$

$$＝1600(\text{mm})$$

$$总长＝600+2\times1600$$

$$＝3800(\text{mm})$$

④支座 4 负筋:同支座 1。

【例 4-18】　KL8(2A)平法施工图见图 4-64。试求 KL8(2A)悬挑端的上部第一排纵筋。其中,混凝土强度等级为 C30,抗震等级为一级。

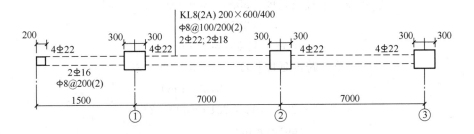

图 4-64　KL8(2A)平法施工图

解　由混凝土强度等级 C30 和一级抗震,查表 1-2 得:梁纵筋混凝土保护层厚度 $c_{梁}=$ 20mm,支座纵筋钢筋混凝土保护层厚度 $c_{支座}=$ 20mm。

上部第一排纵筋长度＝悬挑端长度＋悬挑远端下弯＋支座 1 宽度＋第 1 内延伸长度

$$悬挑端长度＝1500-300-20$$

$$＝1180(\text{mm})$$

$$第 1 跨内延伸长度＝(7000-600)/3$$

$$＝2133(\text{mm})$$

$$支座 1 宽度＝600\text{mm}$$

$$悬挑远端下弯＝12\times22$$

$$＝264(\text{mm})$$

$$总长度＝1180+264+600+2133$$

$$＝4177(\text{mm})$$

【例 4-19】　KL9(2A)平法施工图见图 4-65。试求 KL9(2A)悬挑端的上部第一排纵筋。其中,混凝土强度等级为 C30,抗震等级为一级。

解　由混凝土强度等级 C30 和一级抗震,查表 1-2 得:梁纵筋混凝土保护层厚度 $c_{梁}=$ 20mm,支座纵筋钢筋混凝土保护层厚度 $c_{支座}=$ 20mm。

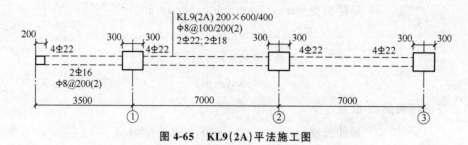

图 4-65　KL9(2A)平法施工图

上部第一排纵筋长度=悬挑端下平直段长度+悬挑端下弯斜长+悬挑端上平直段+支座 1 宽度+第 1 跨内延伸长度

$$悬挑端下平直段长度=10d=10\times22$$
$$=220(mm)$$

$$悬挑端下弯斜长=\sqrt{(400-40)^2+(400-40)^2}$$
$$\approx510(mm)$$

$$悬挑端上平直段长度=3500-300-20-220-350$$
$$=2610(mm)$$

$$支座 1 宽度=600mm$$

$$第 1 跨内延伸长度=(7000-600)/3$$
$$=2133(mm)$$

$$总长度=220+510+2610+600+2133$$
$$=6073(mm)$$

【例 4-20】 KL10(2A)平法施工图见图 4-66。试求 KL10(2A)悬挑端的上部第二排纵筋。其中,混凝土强度等级为 C30,抗震等级为一级。

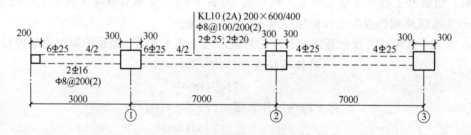

图 4-66　KL10(2A)平法施工图

解　由混凝土强度等级 C30 和一级抗震,查表 1-2 得:梁纵筋混凝土保护层厚度 $c_{梁}=20mm$,支座纵筋钢筋混凝土保护层厚度 $c_{支座}=20mm$。

上部第二排纵筋长度=悬挑端下平直段长度+支座 1 宽度+第 1 跨内延伸长度

$$悬挑端下平直段长度=(3000-300)\times0.75$$
$$=2025(mm)$$

$$支座 1 宽度=600mm$$

$$第 1 跨内延伸长度=(7000-600)/4$$
$$=1600(mm)$$

$$总长度=2025+600+1600$$

$$=4225(mm)$$

【例 4-21】 KL11(2A)平法施工图见图 4-67。试求 KL11(2A)悬挑端的下部钢筋。其中,混凝土强度等级为 C30,抗震等级为一级。

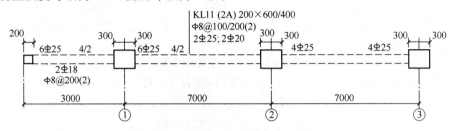

图 4-67　KL11(2A)平法施工图

解　由混凝土强度等级 C30 和一级抗震,查表 1-2 得:梁纵筋混凝土保护层厚度 $c_{梁}=20mm$,支座纵筋钢筋混凝土保护层厚度 $c_{支座}=20mm$。

$$悬挑端下部钢筋长度=净长+锚固$$

$$=2000-300-20+15d$$

$$=2000-300-20+15\times18$$

$$=2950(mm)$$

【例 4-22】 WKL1 平法施工图见图 4-68。试求 WKL1 的上部通长筋。其中,混凝土强度等级为 C30,抗震等级为一级。

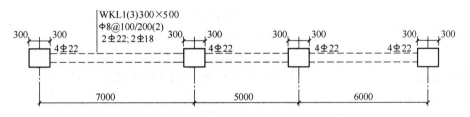

图 4-68　WKL1 平法施工图

解　由混凝土强度等级 C30 和一级抗震,查表 1-2 得:梁纵筋混凝土保护层厚度 $c_{梁}=20mm$,支座纵筋钢筋混凝土保护层厚度 $c_{支座}=20mm$。

$$上部通长筋长度=净长+两端支座锚固$$

$$端支座锚固=600-20+500-20$$

$$=1060(mm)$$

$$净长=7000+6000+5000-600$$

$$=17400(mm)$$

$$总长=17400+2\times1060$$

$$=19520(mm)$$

【例 4-23】 WKL2 平法施工图见图 4-69。试求 WKL2 的上部通长筋。其中,混凝土强度等级为 C30,抗震等级为一级。

解　由混凝土强度等级 C30 和一级抗震,查表 1-2 得:梁纵筋混凝土保护层厚度 $c_{梁}=20mm$,支座纵筋钢筋混凝土保护层厚度 $c_{支座}=20mm$。

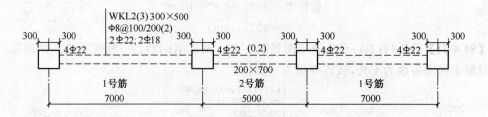

图 4-69　WKL2 平法施工图

1 号低标高钢筋长度＝净长＋两端支座锚固（查表 1-5 得 $l_{abE}=33d$）

$$端支座弯固＝支座宽－保护层＋1.7l_{abE}$$

$$＝600-20+1.7\times33\times22$$

$$＝1814(mm)$$

$$中间支座直锚＝l_{aE}$$

$$＝33\times22$$

$$＝726(mm)$$

$$总长＝7000-600+1814+726$$

$$＝8940(mm)$$

2 号高标高钢筋长度＝净长＋两端支座锚固

$$中间支座弯锚＝h_c-c_{支座}+(l_{aE}+\Delta_h)$$

$$＝600-30+33\times22+200$$

$$＝1496(mm)$$

$$总长＝5000-600+2\times1496$$

$$＝7392(mm)$$

【例 4-24】　WKL3 平法施工图见图 4-70。试求 WKL3 的下部通长筋。其中，混凝土强度等级为 C30，抗震等级为一级。

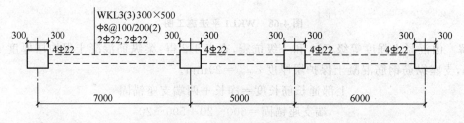

图 4-70　WKL3 平法施工图

解　由混凝土强度等级 C30 和一级抗震，查表 1-2 得：梁纵筋混凝土保护层厚度 $c_{梁}=$ 20mm，支座纵筋钢筋混凝土保护层厚度 $c_{支座}=20mm$。

$$下部通长筋长度＝净长＋两端支座弯锚锚固$$

$$端支座锚固＝h_c-c_{支座}+15d$$

$$＝600-20+15\times22$$

$$＝910(mm)$$

$$净长＝7000+6000+5000-600$$

$$＝17400(mm)$$

$$总长 = 17400 + 2 \times 910$$
$$= 19220(\text{mm})$$

【**例 4-25**】 L1(2)平法施工图见图 4-71。试求 L1(2)的上部钢筋。其中,混凝土强度等级为 C30,抗震等级为一级。

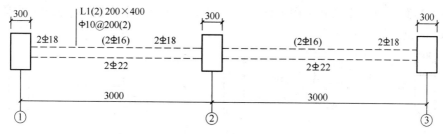

图 4-71　L1(2)平法施工图

解　由混凝土强度等级 C30 和一级抗震,查表 1-2 得:梁纵筋混凝土保护层厚度 $c_{梁} = 20\text{mm}$,支座纵筋钢筋混凝土保护层厚度 $c_{支座} = 20\text{mm}$。

①支座 1 负筋长度 = 端支座锚固 + 延伸长度

$$端支座锚固 = 支座宽度 - c_{支座} + 15d$$
$$= 300 - 20 + 15 \times 18$$
$$= 550(\text{mm})$$

$$延伸长度 = l_{\text{nl}}/5$$
$$= (3000 - 300)/5$$
$$= 540(\text{mm})$$

(注:端支座负筋延伸长度为 $l_{\text{nl}}/5$)

$$总长 = 550 + 540$$
$$= 1090(\text{mm})$$

②第 1 跨架立筋长度 = 净长 - 两端支座负筋延伸长度 + 2 × 150

$$= 2700 - 540 - (3000 - 300)/3 + 2 \times 150$$
$$= 1560(\text{mm})$$

③支座 2 负筋长度 = 支座宽度 + 两端延伸长度

$$= 300 + 2 \times (3000 - 300)/3$$
$$= 2100(\text{mm})$$

(注:中间支座负筋延伸长度为 $l_{\text{n}}/3$)

④第 2 跨架立筋长度 = 净长 - 两端支座负筋延伸长度 + 2 × 150

$$= 2700 - 540 - (3000 - 300)/3 + 2 \times 150$$
$$= 1560(\text{mm})$$

⑤支座 3 负筋长度 = 端支座锚固 + 延伸长度

$$端支座锚固 = 支座宽度 - c_{支座} + 15d$$
$$= 300 - 20 + 15 \times 18$$
$$= 550(\text{mm})$$

$$延伸长度 = l_{\text{n}}/5$$
$$= (3000 - 300)/5$$

$$=540(mm)$$

(注:端支座负筋延伸长度为$l_n/5$)

$$总长=550+540$$
$$=1090(mm)$$

【例 4-26】 L2(2)平法施工图见图 4-72。试求 L2(2)的上部钢筋。其中,混凝土强度等级为 C30,抗震等级为一级。

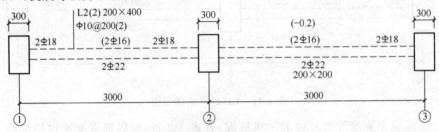

图 4-72　L2(2)平法施工图

解　由混凝土强度等级 C30 和一级抗震,查表 1-2 得:梁纵筋混凝土保护层厚度 $c_梁=20mm$,支座纵筋钢筋混凝土保护层厚度 $c_{支座}=20mm$。

①支座 1 负筋长度=端支座锚固+延伸长度

$$端支座锚固=支座宽度-c_{支座}+15d$$
$$=300-20+15×18$$
$$=550(mm)$$

$$延伸长度=l_n/5$$
$$=(3000-300)/5$$
$$=540(mm)$$

(注:端支座负筋延伸长度为$l_n/5$)

②第 1 跨架立筋长度=净长-两端支座负筋延伸长度+2×150

$$=2700-540-900+2×150$$
$$=1560(mm)$$

③第 1 跨右端负筋长度=端支座锚固+延伸长度

$$延伸长度=l_n/3$$
$$=(3000-300)/3$$
$$=900(mm)$$

(注:中间支座负筋延伸长度为$l_n/3$)

$$端支座锚固=支座宽度-保护层c_{支座}+29d+高差\Delta_h$$
$$=300-20+29×18+200$$
$$=1002(mm)$$

$$总长=900+1002$$
$$=1902(mm)$$

④第 2 跨左端负筋长度=端支座锚固+延伸长度

$$延伸长度=l_n/3$$
$$=(3000-300)/3$$

$$=900(\text{mm})$$

端支座锚固$=l_{\text{a}}$

$$=29\times18$$

$$=522(\text{mm})$$

总长$=900+522$

$$=1422(\text{mm})$$

⑤第2跨架立筋长度$=$净长$-$两端支座负筋延伸长度$+2\times150$

$$=2700-540-900+2\times150$$

$$=1560(\text{mm})$$

⑥支座3负筋长度$=$端支座锚固$+$延伸长度

端支座锚固$=$支座宽度$-c_{\text{支座}}+15d$

$$=300-20+15\times18$$

$$=550(\text{mm})$$

延伸长度$=l_{\text{n}}/5$

$$=(3000-300)/5$$

$$=540(\text{mm})$$

（注：端支座负筋延伸长度为$l_{\text{n}}/5$）

总长$=550+540$

$$=1090(\text{mm})$$

【例 4-27】　L3(2)平法施工图见图4-73。试求L3(2)的下部钢筋。其中，混凝土强度等级为C30,抗震等级为一级。

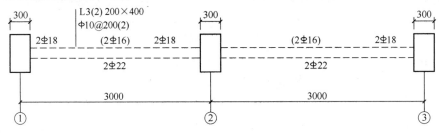

图 4-73　L3(2)平法施工图

解　由混凝土强度等级C30和一级抗震,查表1-2得:梁纵筋混凝土保护层厚度$c_{\text{梁}}=20\text{mm}$,支座纵筋钢筋混凝土保护层厚度$c_{\text{支座}}=20\text{mm}$。

①第1跨下部筋长度$=$净长$+$两端锚固(12d)

$$=3000-300+2\times12d$$

$$=3000-300+12\times22\times2$$

$$=3228(\text{mm})$$

②第2跨下部筋长度$=$净长$+$两端锚固(12d)

$$=3000-300+2\times12d$$

$$=3000-300+12\times22\times2$$

$$=3228(\text{mm})$$

【例 4-28】　抗震等级为二级的抗震框架梁KL2为两跨梁,第一跨轴线跨度为

2900mm,第二跨轴线跨度为 2800mm,支座 KZ1 为 500mm×500mm,混凝土强度等级
C25,其中:

集中标注的箍筋φ10@100/200(4);

集中标注的上部钢筋 2Φ25+(2Φ14);

每跨梁左右支座的原位标注都是:4Φ25;

请计算 KL2 的架立筋。

解　KL2 的第一跨架立筋:

$$第一跨净跨长度\ l_{n1}=2900-500=2400(mm)$$
$$第二跨净跨长度\ l_{n2}=3800-500=3300(mm)$$
$$l_n=\max(l_{n1},l_{n2})-\max(2400,3300)$$
$$=3300(mm)$$
$$架立筋长度=l_{n1}-l_{n1}/3-l_n/3+150\times2$$
$$=2400-2400/3-3300/3+150\times2$$
$$=800(mm)$$

KL2 的第二跨架立筋:

$$架立筋长度=l_{n2}-l_n/3-l_{n2}/3+150\times2$$
$$=3300-3300/3-3300/3+150\times2$$
$$=1400(mm)$$

【例 4-29】　非框架梁 L4 为单跨梁,轴线跨度为 4000mm,支座 KL1 为 400mm×
700mm,正中:集中标注的箍筋为φ8@200(2)。集中标注的上部钢筋为 2Φ14。左右支座
的原位标注为 3Φ20。混凝土强度等级 C25,二级抗震等级。计算 L4 的架立筋。

解

$$l_{n1}=4000-400$$
$$=3600(mm)$$
$$架立筋长度=l_{n1}/3+150\times2$$
$$=3600/3+150\times2$$
$$=1500(mm)$$
$$架立筋根数=2(根)$$

【例 4-30】　KL1 的截面尺寸是 300×700,箍筋为 φ10@100/200(2),集中标注的侧面
纵向构造钢筋为 G4φ10,求:侧面纵向构造钢筋的拉筋规格和尺寸(混凝土强度等级为
C25)。

解　①拉筋的规格

因为 KL1 的截面宽度为 300mm<350mm,所以拉筋直径为 6mm。

②拉筋的尺寸

$$拉筋水平长度=梁箍筋宽度+2\times箍筋直径+2\times拉筋直径$$
$$梁箍筋宽度=梁截面宽度-2\times保护层$$
$$=300-2\times25$$
$$=250(mm)$$

所以,拉筋水平长度=250+2×10+2×6

$$=282(\text{mm})$$

③拉筋的两端各有一个135°的弯钩,弯钩平直段为 $10d$。

拉筋的每根长度=拉筋水平长度+ $26d$(135°弯钩弯曲增加值是 $3d$(近似取值),有抗震要求时弯钩平直段长度要求为 $10d$,故一个135°弯钩增加值是 $13d$,两个就是 $26d$)。

所以,拉筋的每根长度= $282+26\times6$

$$=438(\text{mm})$$

第四节　板构件计算方法与实例

一、计算方法

1. 板上部贯通纵筋的计算

(1)端支座为梁时板上部贯通纵筋的计算。

1)计算板上部贯通纵筋的根数。按照16G101-1图集的规定,第一根贯通纵筋在距梁边为1/2板筋间距处开始设置。这样,板上部贯通纵筋的布筋范围就是净跨长度。在这个范围内除以钢筋的间距,所得到的"间隔个数"就是钢筋的根数。

2)计算板上部贯通纵筋的长度。板上部贯通纵筋两端伸至梁外侧角筋的内侧,再弯直钩 $15d$;当直锚长度≥ l_a 时可不弯折。具体的计算方法是:

①先计算直锚长度。直锚长度=梁截面宽度-保护层-梁角筋直径

②若直锚长度≥ l_a 时可不弯折;否则弯直钩 $15d$。

以单块板上部贯通纵筋的计算为例:

　　　　板上部贯通纵筋的直段长度=净跨长度+两端的直锚长度

(2)端支座为剪力墙时板上部贯通纵筋的计算。

1)计算板上部贯通纵筋的根数。按照16G101-1图集的规定,第一根贯通纵筋在距墙边为1/2板筋间距处开始设置。这样,板上部贯通纵筋的布筋范围=净跨长度。在这个范围内除以钢筋的间距,所得到的"间隔个数"就是钢筋的根数。

2)计算板上部贯通纵筋的长度。板上部贯通纵筋两端伸至剪力墙外侧水平分布筋的内侧,弯锚长度为 l_a。具体的计算方法是:

①先计算直锚长度。直锚长度=墙厚度-保护层-墙身水平分布筋直径

②再计算弯钩长度= l_a -直锚长度

以单块板上部贯通纵筋的计算为例:

　　　　板上部贯通纵筋的直段长度=净跨长度+两端的直锚长度

2. 板下部贯通纵筋的计算

(1)端支座为梁时板下部贯通纵筋的计算。

1)计算板下部贯通纵筋的根数。计算方法和前面介绍的板上部贯通纵筋根数算法是一致的。即:

按照16G101-1图集的规定,第一根贯通纵筋在距梁边为1/2板筋间距处开始设置。这样,板上部贯通纵筋的布筋范围=净跨长度。

在这个范围内除以钢筋的间距,所得到的"间隔个数"就是钢筋的根数。

2)计算板下部贯通纵筋的长度。具体的计算方法一般为:

①先选定直锚长度＝梁宽/2。

②再验算一下此时选定的直锚长度是否≥5d——如果满足"直锚长度≥5d"则没有问题；如果不满足"直锚长度≥5d"，则取定 5d 为直锚长度（实际工程中，1/2 梁厚一般都能够满足"≥5d"的要求）。

以单块板下部贯通纵筋的计算为例：

板下部贯通纵筋的直段长度＝净跨长度＋两端的直锚长度

（2）端支座为剪力墙时板下部贯通纵筋的计算。

1）计算板下部贯通纵筋的根数。计算方法和前面介绍的板上部贯通纵筋根数算法是一致的。

2）计算板下部贯通纵筋的长度。具体的计算方法一般为：

①先选定直锚长度＝墙厚/2。

②再验算一下此时选定的直锚长度是否≥5d——如果满足"直锚长度≥5d"则没有问题；如果不满足"直锚长度≥5d"，则取定 5d 为直锚长度（实际工程中，1/2 墙厚一般都能够满足"≥5d"的要求）。

以单块板下部贯通纵筋的计算为例：

板下部贯通纵筋的直段长度＝净跨长度＋两端的直锚长度

（3）梯形板钢筋计算的算法分析。实际工程中遇到的楼板平面形状，少数为异形板，大多数为矩形板。

异形板的钢筋计算不同于矩形板。异形板的同向钢筋（X 向钢筋）的钢筋长度各不相同，需要分别计算每根钢筋；而矩形板的同向钢筋（X 向钢筋或 Y 向钢筋）的长度都是一样的，于是问题就剩下钢筋根数的计算。

仔细分析一块梯形板，可以划分为矩形板加上三角形板，于是梯形板钢筋的变长度问题就转化为三角形板的变长度问题（图 4-74）。而计算三角形板的变长度钢筋，可以通过相似三角形的对应边成比例的原理来进行计算。

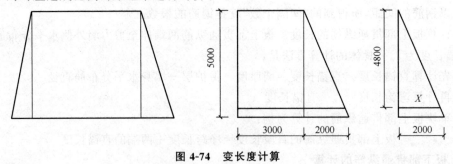

图 4-74　变长度计算

算法分析：

例如，一个直角梯形的两条底边分别是 3000mm 和 5000mm，高为 5000mm。这个梯形可以划分成一个宽 3000mm、高 5000mm 的矩形和一个底边为 2000mm、高为 5000mm 的三角形。假设梯形的 5000mm 底边是楼板第一根钢筋的位置，这根 5000mm 的钢筋现在分解成 3000mm 矩形的底边和三角形的 2000mm 底边。这样，如果要计算梯形板的第二根钢筋长度，只需在这个三角形中进行计算即可。

相似三角形的算法是这样的：

假设钢筋间距为 200mm,在高 5000mm、底边 2000mm 的三角形,将底边平行回退 200mm,得到一个高 4800mm、底边为 X 的三角形,这两个三角形是相似的,而 X 就是所求的第二根钢筋的长度(图 4-114 右图)。根据相似三角形的对应边成比例这一原理,有下面的计算公式:

$$X:2000=4800:5000$$

所以　　　　　　　　　$X=2000×4800/5000=1920mm$

因此,梯形的第二根钢筋长度=3000+X=3000+1920=4920mm

根据这个原理可以计算出梯形楼板的第三根以及更多的钢筋长度。

3. 扣筋的计算

扣筋(即板支座上部非贯通筋),是在板中应用得比较多的一种钢筋,在一个楼层当中,扣筋的种类又是最多的,因此在板钢筋计算中,扣筋的计算占的比重相当大。

(1)扣筋计算的基本原理。

扣筋的形状为“┌────┐”形,其中有两条“腿”和一个水平段。

1)扣筋腿的长度与所在楼板的厚度有关。

①单侧扣筋:扣筋腿的长度=板厚度-15(可以把扣筋的两条腿都采用同样的长度)

②双侧扣筋(横跨两块板):扣筋腿 1 的长度=板 1 的厚度-15

扣筋腿 2 的长度=板 2 的厚度-15

2)扣筋的水平段长度可根据扣筋延伸长度的标注值来进行计算。如果单纯根据延伸长度标注值还不能计算的话,则还要依据平面图的相关尺寸来进行计算。下面将主要讨论不同情况下如何计算扣筋水平段长度的问题。

(2)最简单的扣筋计算。即横跨在两块板中的“双侧扣筋”的扣筋计算。

1)双侧扣筋(单侧标注延伸长度,表明该扣筋向支座两侧对称延伸)。

扣筋水平段长度=单侧延伸长度×2

2)双侧扣筋(两侧都标注了延伸长度):

扣筋水平段长度=左侧延伸长度+右侧延伸长度

(3)需要计算端支座部分宽度的扣筋计算。

单侧扣筋[一端支承在梁(墙)上,另一端伸到板中]:

扣筋水平段长度=单侧延伸长度+端部梁中线至外侧部分长度

(4)贯通全悬挑长度的扣筋的计算。贯通全悬挑长度的扣筋的水平段长度计算公式如下:

扣筋水平段长度=跨内延伸长度+梁宽/2+悬挑板的挑出长度-保护层

(5)横跨两道梁的扣筋的计算(贯通短跨全跨)。

1)仅在一道梁之外有延伸长度:

扣筋水平段长度=单侧延伸长度+两梁的中心间距+端部梁中线至外侧部分长度。

式中,端部梁中线至外侧部分的扣筋长度=梁宽度/2-梁纵筋保护层-梁纵筋直径。

2)在两道梁之外都有延伸长度:

扣筋水平段长度=左侧延伸长度+两梁的中心间距+右侧延伸长度

(6)扣筋分布筋的计算。见图 4-75。

1)扣筋分布筋根数的计算原则(图 4-75 右图):

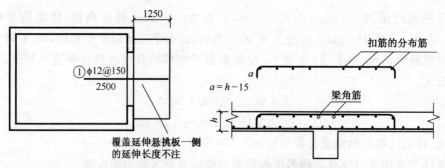

图 4-75　扣筋分布筋根数的计算

①扣筋拐角处必须布置一根分布筋。

②在扣筋的直段范围内按分布筋间距进行布筋。板分布筋的直径和间距在结构施工图的说明中应该有明确的规定。

③当扣筋横跨梁(墙)支座时,在梁(墙)的宽度范围内不布置分布筋。也就是说,这时要分别对扣筋的两个延伸净长度计算分布筋的根数。

2)扣筋分布筋的长度:

扣筋分布筋的长度无需按照全长计算。由于在楼板角部矩形区域,横竖两个方向的扣筋相互交叉,互为分布筋,因此这个角部矩形区域不应该再设置扣筋的分布筋,否则,四层钢筋交叉重叠,混凝土不能覆盖住钢筋。

(7)一根完整的扣筋的计算过程。

1)计算扣筋的腿长。如果横跨两块板的厚度不同,则要分别计算扣筋的两腿长度。

2)计算扣筋的水平段长度。

3)计算扣筋的根数。如果扣筋的分布范围为多跨,也还是"按跨计算根数",相邻两跨之间的梁(墙)上不布置扣筋。扣箍根数的计算用贯通纵筋根数的计算方法。

4)计算扣筋的分布筋。

4. 悬挑板钢筋的计算

(1)悬挑板上部纵筋计算。悬挑板上部纵筋计算简图如图 4-76 所示。

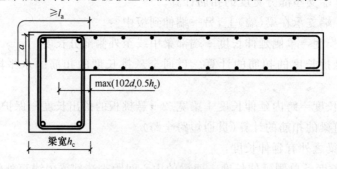

图 4-76　悬挑板底筋计算简图

上部纵筋长度＝板跨净长＋l_a＋弯折(板厚－2×保护层厚度)＋5d

(2)悬挑板底筋计算。悬挑板底筋计算简图如图 4-76 所示。

底筋长度＝板跨净长＋2×max(0.5h_c,12d)＋2×弯钩(底筋为 HPB300 级钢筋)

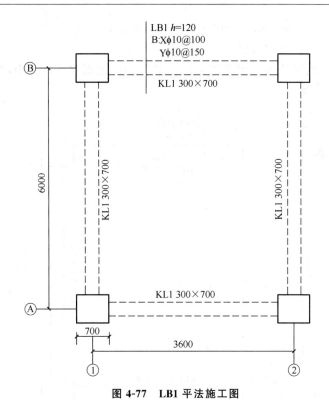

图 4-77　LB1 平法施工图

二、计算实例

【例 4-31】　LB1 平法施工图见图 4-77。试求 LB1 的板底筋。其中，混凝土强度等级为 C30，抗震等级为一级。

解　由混凝土强度等级 C30 和一级抗震，查表 1-2 得：梁钢筋混凝土保护层厚度 $c_{梁}=$ 20mm，板钢筋混凝土保护层厚度 $c_{板}=15$mm。

本节计算中，板底筋的起步距离为 1/2 板底筋间距。

①Xϕ10@100

$$长度=净长+端支座锚固+弯钩长度$$
$$=(3600-300)+2\times\max(h_b/2,5d)+2\times180°弯钩长度(6.25d)$$
$$=3300+2\times150+2\times6.25\times10$$
$$=3725(\text{mm})$$

$$根数=(钢筋布置范围长度-起步距离)/间距+1$$
$$=(6000-300-100)/100+1$$
$$=57(\text{根})$$

②Yϕ10@150

$$长度=净长+端支座锚固+弯钩长度$$
$$=(6000-300)+2\times\max(h_b/2,5d)+2\times180°弯钩长度(6.25d)$$
$$=(6000-300)+2\times150+2\times6.25\times10$$
$$=6125(\text{mm})$$

$$根数=(钢筋布置范围长度-起步距离)/间距+1$$

$$=(3600-300-2\times75)/150+1$$
$$=22(根)$$

【例 4-32】 LB2 的平法施工图见图 4-78。试求 LB2 的板顶筋。其中,混凝土强度等级为 C30,抗震等级为一级。

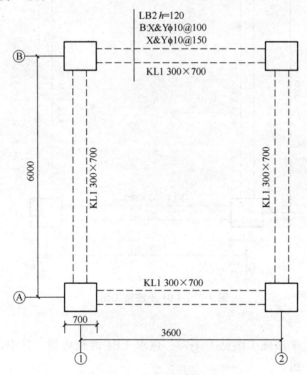

LB2 h=120
B:X&Yφ10@100
X&Yφ10@150

图 4-78 LB2 平法施工图

解 由混凝土强度等级 C30 和一级抗震,查表 1-2 得:梁钢筋混凝土保护层厚度 $c_梁=$ 20mm,板钢筋混凝土保护层厚度 $c_板=$ 15mm。

①Xφ10@150

$$长度=净长+端支座锚固$$

由于(支座宽$-c=300-20=280$mm)$<$($l_a=29\times10=290$mm),故 LB2 的 X 向板顶筋采用弯锚形式。

$$总长=3600-300+2\times(300-20+15\times10)=4160(mm)$$
$$根数=(钢筋布置范围长度-起步距离)/间距+1$$
$$=(6000-300-2\times75)/150+1$$
$$=38(根)$$

②Yφ10@150

$$长度=净长+端支座锚固$$

由于(支座宽$-c=300-20=280$mm)$<$($l_a=29\times10=290$mm),故 LB2 的 Y 向板顶筋采用弯锚形式。

$$总长=6000-300+2\times(300-20+15\times10)=6560(mm)$$
$$根数=(钢筋布置范围长度-起步距离)/间距+1$$

$$=(3600-300-2\times75)/150+1$$
$$=22(根)$$

【例 4-33】　LB3 平法施工图见图 4-79。试求 LB3 的中间支座负筋。其中四周梁宽 300mm，图中未注明分布筋为φ6@200，混凝土强度等级为 C30，抗震等级为一级。

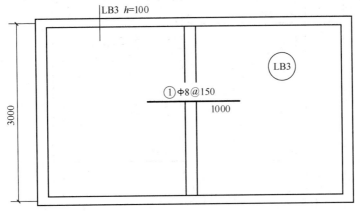

图 4-79　LB3 平法施工图

解　由混凝土强度等级 C30 和一级抗震，查表 1-2 得：梁钢筋混凝土保护层厚度 $c_{梁}=20$mm，板钢筋混凝土保护层厚度 $c_{板}=15$mm。

①1 号支座负筋长度＝平直段长度＋两端弯折

$$弯折长度=h-15$$
$$=100-15$$
$$=85(mm)$$
$$总长度=2\times1000+2\times85$$
$$=2170(mm)$$

②1 号支座负筋根数＝(布置范围净长－两端起步距离)/间距＋1

$$起步距离=1/2\,钢筋间距$$
$$根数=(3000-300-2\times75)/150+1$$
$$=18(根)$$

③1 号支座负筋的分布筋长度＝负筋布置范围长

$$=3000-300$$
$$=2700(mm)$$

④1 号支座负筋的分布筋根数＝2×单侧根数

$$单侧根数=(1000-150)/200+1$$
$$=6(根)$$
$$总根数=12(根)$$

【例 4-34】　LB4 平法施工图见图 4-80。试求 LB4 的板底筋。其中，混凝土强度等级为 C30，抗震等级为一级。

解　由混凝土强度等级 C30 和一级抗震，查表 1-2 得：梁钢筋混凝土保护层厚度 $c_{梁}=20$mm，板钢筋混凝土保护层厚度 $c_{板}=15$mm。

①　1 号筋长度＝净长＋端支座锚固＋弯钩长度

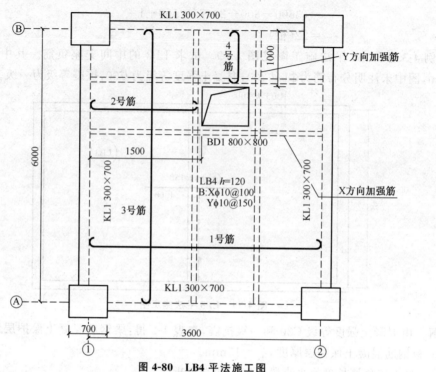

图 4-80 LB4 平法施工图

$$端支座锚固长度 = \max(h_b/2, 5d)$$

$$= \max(150, 5 \times 10)$$

$$= 150 (mm)$$

$$180° 弯钩长度 = 6.25d$$

$$总长 = 3600 - 300 + 2 \times 150 + 2 \times 6.25 \times 10$$

$$= 3725 (mm)$$

② 2 号筋(右端在洞边上弯回折)

2 号筋长度 = 净长 + 左端支座锚固 + 弯钩长度 + 右端上弯回折长度 + 弯钩长度

$$端支座锚固长度 = \max(h_b/2, 5d)$$

$$= \max(150, 5 \times 10)$$

$$= 150 (mm)$$

$$180° 弯钩长度 = 6.25d$$

$$右端上弯回折长度 = 120 - 2 \times 15 + 5 \times 10$$

$$= 140 (mm)$$

$$总长 = (1500 - 150 - 15) + (150 + 6.25 \times 10) + (140 + 6.25 \times 10)$$

$$= 1750 (mm)$$

③ 3 号筋长度 = 净长 + 端支座锚固 + 弯钩长度

$$端支座锚固长度 = \max(h_b/2, 5d)$$

$$= \max(150, 5 \times 10)$$

$$= 150 (mm)$$

$$180° 弯钩长度 = 6.25d$$

$$总长＝6000-300+2×150+2×6.25×10$$
$$＝6125(mm)$$

④4 号筋(下端在洞边下弯)

4 号筋长度＝净长＋上端支座锚固＋弯钩长度＋下端上弯回折长度＋弯钩长度

$$端支座锚固长度＝\max(h_b/2,5d)$$
$$＝\max(150,5×10)$$
$$＝150(mm)$$

$$180°弯钩长度＝6.25d$$

$$下端下弯长度＝120-2×15+5×10$$
$$＝140(mm)$$

$$总长＝(1000-150-15)+(150+6.25×10)+(140+6.25×10)$$
$$＝1250(mm)$$

⑤X 方向洞口加强筋:同 1 号筋。

⑥Y 方向洞口加强筋:同 3 号筋。

【例 4-35】　LB5 平法施工图见图 4-81。试求 LB5 的板顶筋。其中,混凝土强度等级为 C30,抗震等级为一级。

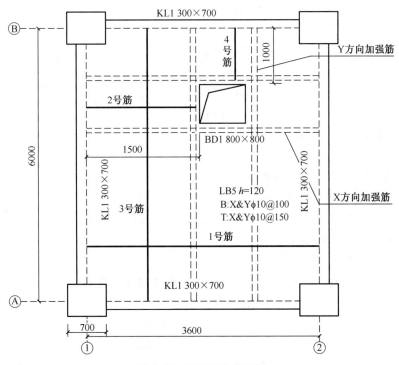

图 4-81　LB5 平法施工图

解　由混凝土强度等级 C30 和一级抗震,查表 1-2 得:梁钢筋混凝土保护层厚度 $c_{梁}＝$ 20mm,板钢筋混凝土保护层厚度 $c_{板}＝15mm$。

①1 号板顶筋长度＝净长＋端支座锚固

由于(支座宽$-c＝300-20＝280mm)<(l_a＝29×10)$,故采用弯锚形式。

$$总长=3600-300+2\times(300-20+15\times10)$$
$$=4160(mm)$$

②2 号板顶筋(右端在洞边下弯)

$$长度=净长+左端支座锚固+右端下弯长度$$

由于(支座宽$-c=300-20=280mm)<(l_a=29\times10)$,故采用弯锚形式。

$$右端下弯长度=120-2\times15$$
$$=90(mm)$$
$$总长=(1500-150-15)+300-20+15\times10+90$$
$$=1855(mm)$$

③3 号板顶筋长度$=净长+端支座锚固+弯钩长度$

$$端支座弯锚长度=300-20+15\times10$$
$$=430(mm)$$
$$总长=6000-300+2\times430$$
$$=6560(mm)$$

④4 号板顶筋(下端在洞边下弯)

$$长度=净长+上端支座锚固+下端下弯长度$$

$$端支座弯锚长度=300-20+15\times10$$
$$=430(mm)$$
$$下端下弯长度=120-2\times15$$
$$=90(mm)$$
$$总长=(1000-150-20)+430+90$$
$$=1350(mm)$$

⑤X 方向洞口加强筋:同 1 号筋。

⑥Y 方向洞口加强筋:同 3 号筋。

【例 4-36】 LB6 平法施工图见图 4-82。试求 LB6 及 XB1 的板底筋。其中,混凝土强度等级为 C30,抗震等级为一级。

解　由混凝土强度等级 C30 和一级抗震,查表 1-2 得:梁钢筋混凝土保护层厚度 $c_{梁}=20mm$,板钢筋混凝土保护层厚度 $c_{板}=15mm$。

①LB6 的板底筋计算

$$X\phi10@100:长度=净长+端支座锚固+弯钩长度$$
$$端支座锚固长度=\max(h_b/2,5d)$$
$$=\max(100,5\times10)$$
$$=100(mm)$$
$$180°弯钩长度=6.25d$$
$$总长=6000-200+2\times100+2\times6.25\times10$$
$$=6125(mm)$$
$$根数=(钢筋布置范围长度-起步距离)/间距+1$$
$$=(3900-200-100)/100+1$$
$$=37(根)$$

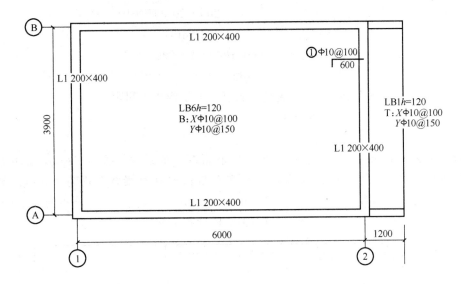

图 4-82 LB6 平法施工图

Yϕ10@150:长度＝净长＋端支座锚固＋弯钩长度

$$端支座锚固长度＝\max(h_b/2,5d)$$

$$＝\max(100,5×10)$$

$$＝100(\text{mm})$$

$$180°弯钩长度＝6.25d$$

$$总长＝3900-200+2×100+2×6.25×10$$

$$＝4025(\text{mm})$$

$$根数＝(钢筋布置范围长度-起步距离)/间距+1$$

$$＝(6000-200-2×75)/150+1$$

$$＝39(根)$$

②XB1 的板底筋计算

Xϕ10@100 与 1 号支座负筋连通布置

$$长度＝净长＋端支座锚固$$

$$左端支座负筋端弯折长度＝120-2×15$$

$$＝90(\text{mm})$$

$$右端弯折＝120-2×15$$

$$＝90(\text{mm})$$

$$总长＝600+90+1200-15+90$$

$$＝1965(\text{mm})$$

$$根数＝(钢筋布置范围长度-起步距离)/间距+1$$

$$＝(3900-200-100)/100+1$$

$$＝37(根)$$

Yϕ10@150:长度＝净长＋端支座锚固

$$端支座锚固长度＝梁宽-c+15d$$

$$=200-20+15\times10$$

$$=330(mm)$$

$$总长=3900-200+2\times330$$

$$=4360(mm)$$

$$根数=(钢筋布置范围长度-起步距离)/间距+1$$

$$=(1200-100-75-150)/150+1$$

$$=7(根)$$

【例 4-37】　图 4-83 为板平法施工图。梁、板混凝土的强度等级为 C30,所在环境类别为一类,板保护层厚度为 15mm,梁保护层厚度为 20mm,所有梁宽 b 均为 300mm,梁上部纵筋类别为 HRB400,直径 20mm,梁中箍筋直径为 8mm。未注明的板分布筋为 HRB400,直径为 8mm,间距 250mm。计算板中受力钢筋和分布钢筋的长度及根数。

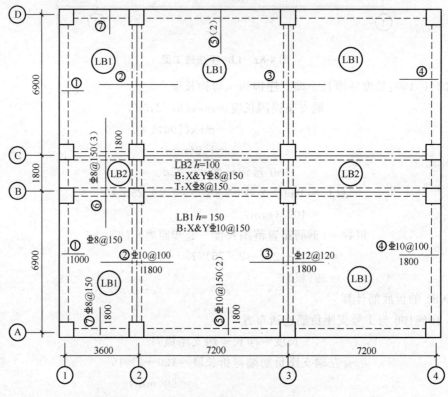

图 4-83　板平法施工图

解　①板下部钢筋

a. LB1-1、LB1-4 板底筋 X 方向单根钢筋长度(即 9 号钢筋在①~②轴线间的长度):

$$l_n+\max(5d_{板},b/2)\times2=3600-300+150\times2=3600(mm)$$

根数:

$$\frac{6900-300-150}{150}+1=44(根)$$

b. LB1-1、LB1-4 底筋 Y 方向单根钢筋长度(即⑩号钢筋长度):

$$l_n + \max(5d_{板}, b/2) \times 2 = 6900 - 300 + 150 \times 2 = 6900(\text{mm})$$

根数：

$$\frac{3600 - 300 - 150}{150} + 1 = 22(根)$$

c. LB1-2、LB1-3、LB1-5、LB1-6 板底筋 X 方向单根钢筋长度（即 9 号钢筋在②和③及③和④轴线间的长度）：

$$l_n + \max(5d_{板}, b/2) \times 2 = 7200 - 300 + 150 \times 2 = 7200(\text{mm})$$

根数：

$$\frac{6900 - 300 - 150}{150} + 1 = 44(根)$$

d. LB1-2、LB1-3、LB1-5、LB1-6 板底筋 Y 方向单根钢筋长度（即 10 号钢筋长度）：

$$l_n + \max(5d_{板}, b/2) \times 2 = 6900 - 300 + 150 \times 2 = 6900(\text{mm})$$

根数：

$$\frac{7200 - 300 - 150}{150} + 1 = 46(根)$$

e. LB2-1 板底筋 X 方向单根钢筋长度（即 9 号钢筋在①～②轴线间的长度）：

$$l_n + \max(5d_{板}, b/2) \times 2 = 3600 - 300 + 150 \times 2 = 3600(\text{mm})$$

根数：

$$\frac{1800 - 300 - 150}{150} + 1 = 10(根)$$

f. LB2-1 板底筋 Y 方向单根钢筋长度（即 11 号钢筋长度）：

$$l_n + \max(5d_{板}, b/2) \times 2 = 1800 - 300 + 150 \times 2 = 1800(\text{mm})$$

根数：

$$\frac{3600 - 300 - 150}{150} + 1 = 22(根)$$

g. LB2-2、LB2-3 板底筋 X 方向单根钢筋长度（即 9 号钢筋在②和③及③和④轴线间的长度）：

$$l_n + \max(5d_{板}, b/2) \times 2 = 7200 - 300 + 150 \times 2 = 7200(\text{mm})$$

根数：

$$\frac{1800 - 300 - 150}{150} + 1 = 10(根)$$

h. LB2-2、LB2-3 板底筋 Y 方向单根钢筋长度（即 11 号钢筋长度）：

$$l_n + \max(5d_{板}, b/2) \times 2 = 1800 - 300 + 150 \times 2 = 1800(\text{mm})$$

根数：

$$\frac{7200 - 300 - 150}{150} + 1 = 46(根)$$

②板上部钢筋

a. LB2-1、LB2-2、LB2-3 板底筋 X 方向单根钢筋长度（即 8 号钢筋长度）：

$$7200 \times 2 + 3600 + 300 - 20 \times 2 - d_{梁箍} \times 2 - d_{梁角} \times 2 + 2 \times 15d_{板} = 18444(\text{mm})$$

根数：

$$\frac{1800-300-150}{150}+1=10(根)$$

b. 1 号负筋：①轴/Ⓐ~Ⓑ轴，①轴/Ⓒ~Ⓓ轴。

支座负筋单根钢筋长度：

$$1000+150-20-d_{梁箍}-d_{梁角}+15d_{板}+150-15-15=1342(mm)$$

（式中 $150-15-15$ 为负筋直弯长度，即板厚度减上下钢筋保护层）

根数：

$$\frac{6900-300-150}{150}+1=44(根)$$

支座负筋分布单根钢筋长度：

$$6900-1800-1800+2\times150=3600(mm)$$

（式中 150 为分布筋与板角部 6 及 7 号钢筋的搭接长度）

根数：

$$\frac{1000-150-125}{250}+1=4(根)$$

c. 2 号负筋：②轴/Ⓐ~Ⓑ轴，②轴/Ⓒ~Ⓓ轴。

支座负筋单根钢筋长度：

$$1800\times2+2\times(150-15-15)=3840(mm)$$

根数：

$$\frac{6900-300-100}{100}+1=66(根)$$

支座负筋分布单根钢筋长度：

$$6900-1800-1800+2\times150=3600(mm)$$

一侧根数：

$$\frac{1800-150-125}{250}+1=8(根)$$

两侧根数：

$$2\times8=16(根)$$

d. 3 号负筋：③轴/Ⓐ~Ⓑ轴，③轴/Ⓒ~Ⓓ轴。

支座负筋单根钢筋长度：

$$1800\times2+2\times(150-15-15)=3840(mm)$$

根数：

$$\frac{6900-300-120}{120}+1=55(根)$$

支座负筋分布单根钢筋长度：

$$6900-1800-1800+2\times150=3600(mm)$$

一侧根数：

$$\frac{1800-150-125}{250}+1=8(根)$$

两侧根数：

$$2 \times 8 = 16 (根)$$

e. 4号负筋：④轴/Ⓐ～Ⓑ轴，④轴/Ⓒ～Ⓓ轴。

支座负筋单根钢筋长度：

$$1800 + 150 - 20 - d_{梁箍} - d_{梁角} + 15d_{板} + 150 - 15 - 15 = 2172 (mm)$$

根数：

$$\frac{6900 - 300 - 100}{100} + 1 = 66 (根)$$

支座负筋分布单根钢筋长度：

$$6900 - 1800 - 1800 + 2 \times 150 = 3600 (mm)$$

根数：

$$\frac{1800 - 150 - 125}{250} + 1 = 8 (根)$$

f. 5号负筋：Ⓐ轴/②～③轴，Ⓐ轴/③～④轴，Ⓓ轴/②～③轴，Ⓓ轴/③～④轴。

支座负筋单根钢筋长度：

$$1800 + 150 - 20 - d_{梁箍} - d_{梁角} + 15d_{板} + 150 - 15 - 15 = 2172 (mm)$$

根数：

$$\frac{7200 - 300 - 150}{150} + 1 = 46 (根)$$

支座负筋分布单根钢筋长度：

$$7200 - 1800 - 1800 + 2 \times 150 = 3900 (mm)$$

根数：

$$\frac{1800 - 150 - 125}{250} + 1 = 8 (根)$$

g. 6号负筋：Ⓑ轴/Ⓒ轴。

跨板支座负筋单根钢筋长度：

$$1800 + 1800 \times 2 + 2 \times (150 - 15 - 15) = 5640 (mm)$$

根数：

$$\frac{3600 - 300 - 150}{150} + 1 + \left(\frac{7200 - 300 - 150}{150} + 1 \right) \times 2 = 114 (根)$$

支座负筋分布筋长度（①～②轴）：

$$3600 - 1000 - 1800 + 2 \times 150 = 1100 (mm)$$

支座负筋分布筋长度（②～③轴，③～④轴）：

$$7200 - 1800 - 1800 + 2 \times 150 = 3900 (mm)$$

单板一侧根数：

$$\frac{1800 - 150 - 125}{250} + 1 = 8 (根)$$

h. 7号负筋：Ⓐ轴/①～②轴，Ⓓ轴/①～②轴。

支座负筋单根钢筋长度：

$$1800 + 150 - 20 - d_{梁箍} - d_{梁角} + 15d_{板} + 150 - 15 - 15 = 2172 (mm)$$

根数：

$$\frac{3600-300-150}{150}+1=22\text{（根）}$$

支座负筋分布单根钢筋长度：

$$3600-1000-1800+2\times150=1100\text{（mm）}$$

根数：

$$\frac{1800-150-125}{250}+1=8\text{（根）}$$

【例 4-38】　如图 4-84 所示，计算纯悬挑板上部受力钢筋的长度和根数。

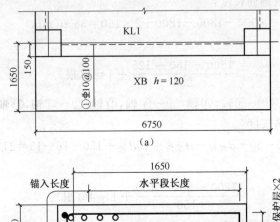

(a)

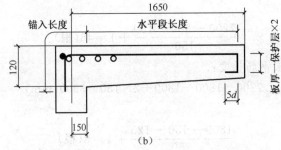

(b)

图 4-84　上部受力钢筋

(a)纯悬挑板平面图　(b)纯悬挑板钢筋剖面

解　　　　　上部受力钢筋水平段长度＝悬挑板净跨长－保护层

$$=(1650-150)-15$$
$$=1485\text{mm}$$

纯悬挑板上部受力钢筋长度＝锚固长度＋水平段长度＋（板厚－保护层×2＋5d）＋弯钩

$$=\max(24d,250)+1485+(120-15\times2+5d)+6.25d$$
$$=250+1485+(120-15\times2+5\times10)+6.25\times10$$
$$=1932.5\text{mm}$$

$$\text{纯悬挑板上部受力钢筋根数}=\frac{\text{悬挑板长度}-\text{板保护层}\,c\times2}{\text{上部受力钢筋间距}}+1$$

$$=\frac{6750-15\times2}{100}+1$$

$$=69\text{ 根}$$

第五章 板式楼梯钢筋计算

第一节 板式楼梯施工图制图规则

一、现浇混凝土板式楼梯平法施工图的表示方法

(1)现浇混凝土板式楼梯平法施工图包括平面注写、剖面注写和列表注写三种表达方式。

《混凝土结构施工图平面整体表示方法制图规则和构造详图(现浇混凝土板式楼梯)》16G101-2制图规则主要表述梯板的表达方式,与楼梯相关的平台板、梯梁、梯柱的注写方式参见国家建筑标准设计图集《混凝土结构施工图平面整体表示方法制图规则和构造详图(现浇混凝土框架、剪力墙、梁、板)》16G101-2。

(2)楼梯平面布置图,应采用适当比例集中绘制,需要时绘制其剖面图。

(3)为方便施工,在集中绘制的板式楼梯平法施工图中,应当用表格或其他方式注明各结构层的楼面标高、结构层高及相应的结构层号。

二、楼梯类型

(1)《混凝土结构施工图平面整体表示方法制图规则和构造详图(现浇混凝土板式楼梯)》16G101-2楼梯包含12种类型,见表5-1。各梯板截面形状与支座位置如图5-1~图5-12所示。

表 5-1 楼梯类型

梯板代号	适用范围		是否参与结构整体抗震计算	示意图
	抗震构造措施	适用结构		
AT	无	剪力墙、砌体结构	不参与	图 5-1
BT				图 5-2
CT	无	剪力墙、砌体结构	不参与	图 5-3
DT				图 5-4
ET	无	剪力墙、砌体结构	不参与	图 5-5
FT				图 5-6
GT	无	剪力墙、砌体结构	不参与	图 5-7
ATa	无	框架结构、剪力结构中框架部分	不参与	图 5-8
ATb			不参与	图 5-9
ATc			参与	图 5-10
CTa	有	框架结构、框剪结构中框架部分	不参与	图 5-11
CTb			不参与	图 5-12

注:①ATa、CTa低端设滑动支座支承在梯梁上;ATb、CTb低端设滑动支座支承在挑板上。

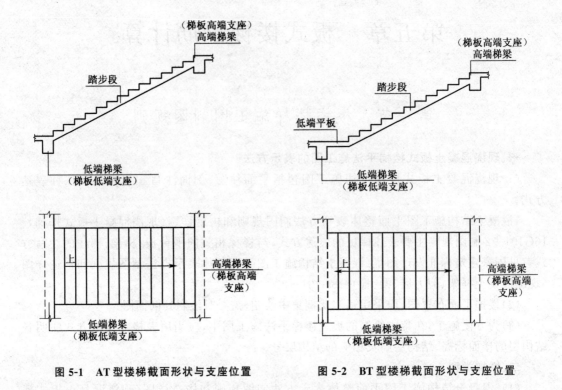

图 5-1　AT 型楼梯截面形状与支座位置　　　　图 5-2　BT 型楼梯截面形状与支座位置

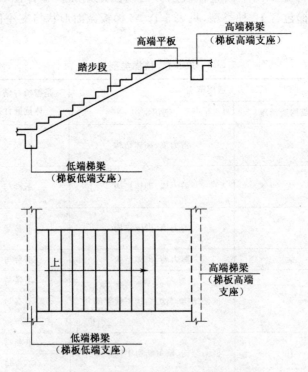

图 5-3　CT 型楼梯截面形状与支座位置

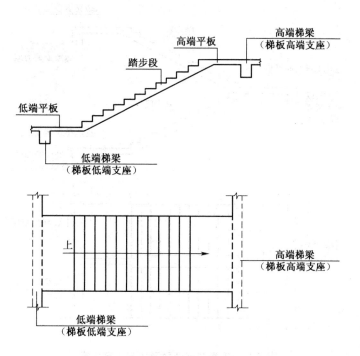

图 5-4 DT 型楼梯截面形状与支座位置

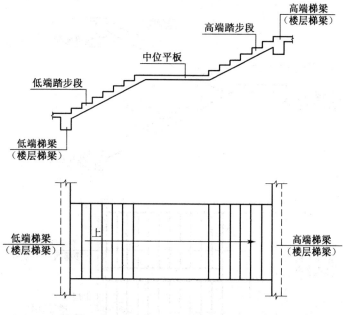

图 5-5 ET 型楼梯截面形状与支座位置

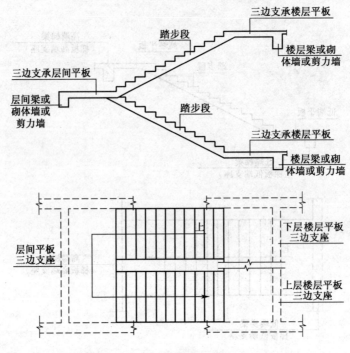

图 5-6　FT 型楼梯截面形状与支座位置

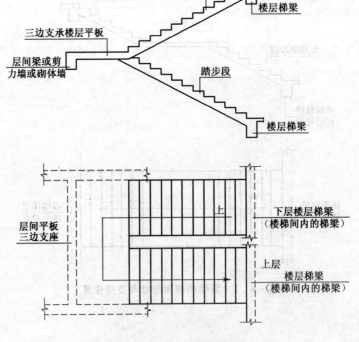

图 5-7　GT 型楼梯截面形状与支座位置

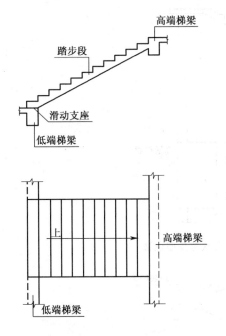

图 5-8　ATa 型楼梯截面形状与支座位置

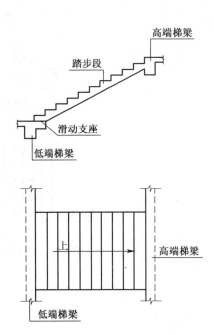

图 5-9　ATb 型楼梯截面形状与支座位置

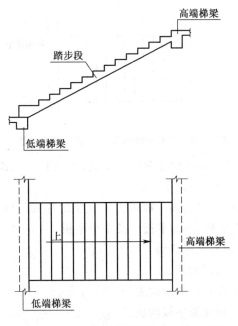

图 5-10　ATc 型楼梯截面形状与支座位置

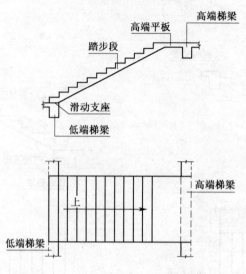

图 5-11　CTa 型楼梯截面形状与支座位置

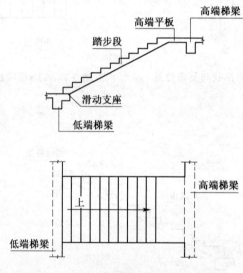

图 5-12　CTb 型楼梯截面形状与支座位置

(2)楼梯注写:楼梯编号由梯板代号和序号组成;如 AT××、BT××、ATa××等。

(3)AT～ET 型板式楼梯具备以下特征:

1)AT～ET 型板式楼梯代号代表一段带上下支座的梯板。梯板的主体为踏步段,除踏步段之外,梯板可包括低端平板、高端平板以及中位平板。

2)AT～ET 各型梯板的截面形状为:

①AT 型梯板全部由踏步段构成。

②BT 型梯板由低端平板和踏步段构成。

③CT 型梯板由踏步段和高端平板构成。

④DT 型梯板由低端平板、踏步段和高端平板构成。

⑤ET 型梯板由低端踏步段、中位平板和高端踏步段构成。

3)AT～ET型梯板的两端分别以(低端和高端)梯梁为支座。

4)AT～ET型梯板的型号、板厚、上下部纵向钢筋及分布钢筋等内容应在平法施工图中注明。梯板上部纵向钢筋向跨内伸出的水平投影长度见相应的标准构造详图,设计不注,但应予以校核;当标准构造详图规定的水平投影长度不满足具体工程要求时,应另行注明。

(4)FT、GT型板式楼梯具备以下特征。

1)FT、GT每个代号代表两跑踏步段和连接它们的楼层平板及层间平板。

2)FT、GT型梯板的构成可分为两类:

①FT型,由层间平板、踏步段和楼层平板构成。

②GT型,由层间平板和踏步段构成。

3)FT、GT型梯板的支承方式见表5-2。

表 5-2　FT、GT 型梯板支承方式

梯板类型	层间平板端	踏步段端(楼层处)	楼层平板端
FT	三边支承		三边支承
GT	三边支承	单边支承(梯梁上)	

4)FT、GT型梯板的型号、板厚、上下部纵向钢筋及分布钢筋等内容由设计者在平法施工图中注明。FT、GT型平台上部横向钢筋及其外伸长度,在平面图中原位标注。梯板上部纵向钢筋向跨内伸出的水平投影长度见相应的标准构造详图,设计不注,但设计者应予以校核;当标准构造详图规定的水平投影长度不满足具体工程要求时,应由设计者另行注明。

(5)ATa、ATb型板式楼梯具备以下特征。

1)ATa、ATb型为带滑动支座的板式楼梯,梯板全部由踏步段构成,其支承方式为梯板高端均支承在梯梁上,ATa型梯板低端带滑动支座支承在梯梁上,ATb型梯板低端带滑动支座支承在挑板上。

2)滑动支座做法如图5-13和图5-14,采用何种做法应由设计者指定。滑动支座垫板可选用聚四氟乙烯板、钢板和厚度大于等于0.5的塑料片,也可选用其他能保证有效滑动的材料,其连接方式由设计者另行处理。

3)ATa、ATb型梯板采用双层双向配筋。

(6)ATc型板式楼梯具备以下特征。

1)梯板全部由踏步段构成,其支承方式为梯板两端均支承在梯梁上。

2)楼梯休息平台与主体结构可连接(图5-15),也可脱开(图5-16)。

3)梯板厚度应按计算确定,且不宜小于140mm;梯板采用双层配筋。

4)梯板两侧设置边缘构件(暗梁),边缘构件的宽度取1.5倍板厚;边缘构件纵筋数量,当抗震等级为一、二级时不少于6根,当抗震等级为三、四级时不少于4根;纵筋直径不小于$\phi12$且不小于梯板纵向受力钢筋的直径;箍筋直径不小于$\phi6$,间距不大于200mm。

平台板按双层双向配筋。

5)ATc型楼梯作为斜撑构件,钢筋均采用符合抗震性能要求的热轧钢筋,钢筋的抗拉强度实测值与屈服强度实测值的比值不应小于1.25;钢筋的屈服强度实测值与屈服强度标准值的比值不应大于1.3,且钢筋在最大拉力下的总伸长率实测值不应小于9%。

(7)CTa、CTb型板式楼梯具备以下特征。

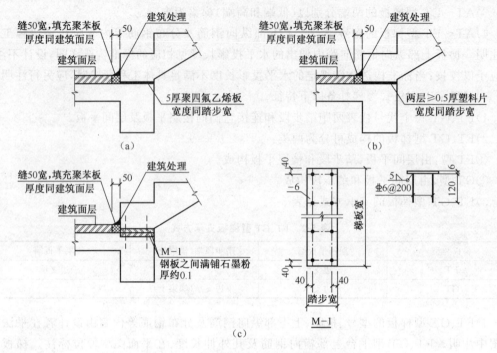

图 5-13　ATa 型楼梯滑动支座构造详图
(a)设聚四氟乙烯垫板(用胶粘于混凝土面上)　(b)设塑料片　(c)预埋钢板

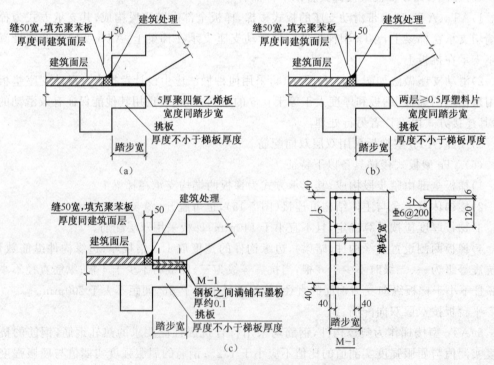

图 5-14　ATb 型楼梯滑动支座构造
(a)设聚四氟乙烯垫板(用胶粘于混凝土面上)　(b)设塑料片　(c)预埋钢板

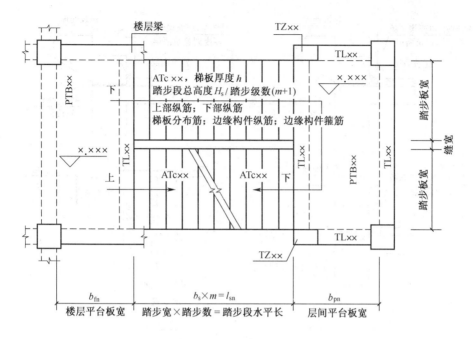

图 5-15　整体连接构造

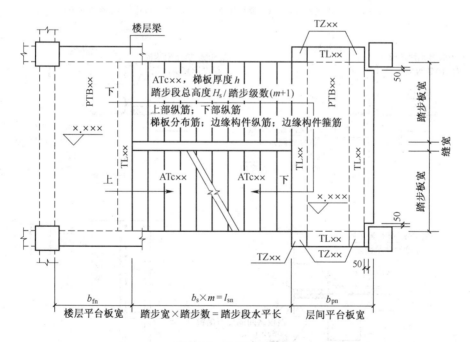

图 5-16　脱开连接构造

1)CTa、CTb 型为带滑动支座的板式楼梯,梯板由踏步段和高端平板构成,其支承方式为梯板高端均支承在梯梁上。CTa 型梯板低端带滑动支座支承在梯梁上,CTb 型梯板低端带滑动支座支承在挑板上。

2)滑动支座做法如图 5-17 和图 5-18,采用何种做法应由设计指定。滑动支座垫板可选

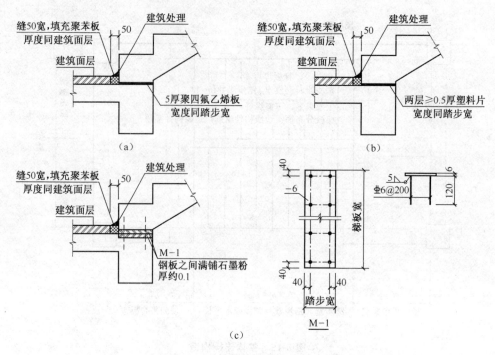

图 5-17　CTa 型楼梯滑动支座构造详图

(a)设聚四氟乙烯垫板(用胶粘于混凝土面上)　(b)设塑料片　(c)预埋钢板

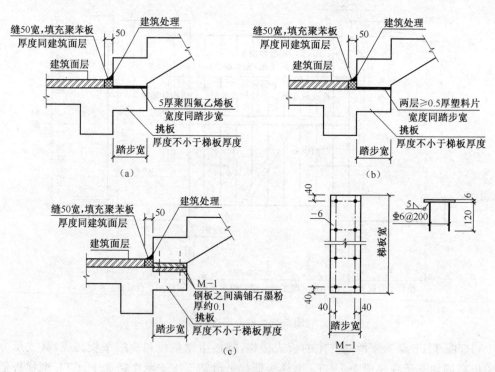

图 5-18　CTb 型楼梯滑动支座构造

(a)设聚四氟乙烯垫板(用胶粘于混凝土面上)　(b)设塑料片　(c)预埋钢板

用聚四氟乙烯板、钢板和厚度大于等于 0.5 的塑料片,也可选用其他能保证有效滑动的材料,其连接方式由设计者另行处理。

3)CTa、CTb 型梯板采用双层双向配筋。

(8)梯梁支承在梯柱上时,其构造应符合《混凝土结构施工图平面整体表示方法制图规则和构造详图(现浇混凝土框架、剪力墙、梁、板)》16G101-中框架梁 KL 的构造做法,箍筋宜全长加密。

(9)建筑专业地面、楼层平台板和层间平台板的建筑面层厚度经常与楼梯踏步面层厚度不同,为使建筑面层做好后的楼梯踏步等高,各型号楼梯踏步板的第一级踏步高度和最后一级踏步高度需要相应增加或减少,见楼梯剖面图,若没有楼梯剖面图,其取值方法如图 5-19 所示。

由于踏步段上下两端板的建筑面层厚度不同,为使面层完工后各级踏步等高等宽,必须减小最上一级踏步的高度并将其余踏步整体斜向推高,整体推高的(垂直)高度值 $\delta_1 = \Delta_1 - \Delta_2$,高度减小后的最上一级踏步高度 $h_{s2} = h_s - (\Delta_3 - \Delta_2)$。

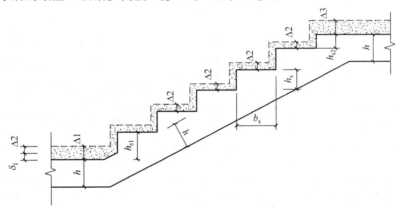

图 5-19 不同踏步位置推高与高度减小构造

δ_1—第一级与中间各级踏步整体竖向推高值 h_{s1}—第一级(推高后)踏步的结构高度;

h_{s2}—最上一级(减小后)踏步的结构高度 Δ_1—第一级踏步根部面层厚度;

Δ_2—中间各级踏步的面层厚度 Δ_3—最上一级踏步(板)面层厚度

三、平面注写方式

(1)平面注写方式,系以在楼梯平面布置图上注写截面尺寸和配筋具体数值的方式来表达楼梯施工图。包括集中标注和外围标注。

(2)楼梯集中标注的内容有五项,具体规定如下。

1)梯板类型代号与序号,如"AT××"。

2)梯板厚度。注写方式为"h=×××"。当为带平板的梯板且梯段板厚度和平板厚度不同时,可在梯段板厚度后面括号内以字母 P 打头注写平板厚度。

3)踏步段总高度和踏步级数,之间以"/"分隔。

4)梯板支座上部纵筋与下部纵筋之间以";"分隔。

5)梯板分布筋,以"F"打头注写分布钢筋具体值,该项也可在图中统一说明。

6)对于 ATc 型楼梯尚应注明梯板两侧边缘构件纵向钢筋及箍筋。

(3)楼梯外围标注的内容,包括楼梯间的平面尺寸、楼层结构标高、层间结构标高、楼梯的上下方向、梯板的平面几何尺寸、平台板配筋、梯梁及梯柱配筋等。

(4)各类型梯板的平面注写要求见表 5-3。

表 5-3 各类型梯板的平面注写要求

梯板类型	注写要求	适用条件
AT 型楼梯	AT 型楼梯平面注写方式如图 5-20 所示。其中集中注写的内容有 5 项；第 1 项为梯板类型代号与序号 AT××；第 2 项为梯板厚度 h；第 3 项为踏步段总高度 H_s/踏步级数($m+1$)；第 4 项为上部纵筋及下部纵筋；第 5 项为梯板分布筋。设计示例如图 5-21 所示	两梯梁之间的矩形梯板全部由踏步段构成，即踏步段两端均以梯梁为支座。凡是满足该条件的楼梯均可为 AT 型，如：双跑楼梯，双分平行楼梯和剪刀楼梯
BT 型楼梯	BT 型楼梯平面注写方式如图 5-22 所示。其中集中注写的内容有 5 项；第 1 项为梯板类型代号与序号 BT××；第 2 项为梯板厚度 h；第 3 项为踏步段总高度 H_s/踏步级数($m+1$)；第 4 项为上部纵筋及下部纵筋；第 5 项为梯板分布筋。设计示例如图 5-23 所示	两梯梁之间的矩形梯板由低端平板和踏步段构成，两部分的一端各自以梯梁为支座。凡是满足该条件的楼梯均可为 BT 型，如：双跑楼梯，双分平行楼梯和剪刀楼梯
CT 型楼梯	CT 型楼梯平面注写方式如图 5-24 所示。其中集中注写的内容有 5 项；第 1 项为梯板类型代号与序号 CT××；第 2 项为梯板厚度 h；第 3 项为踏步段总高度 H_s/踏步级数($m+1$)；第 4 项为上部纵筋及下部纵筋；第 5 项为梯板分布筋。设计示例如图 5-25 所示	两梯梁之间的矩形梯板由踏步段和高端平板构成，两部分的一端各自以梯梁为支座。凡是满足该条件的楼梯均可为 CT 型，如：双跑楼梯，双分平行楼梯和剪刀楼梯
DT 型楼梯	DT 型楼梯平面注写方式如图 5-26 所示。其中：集中注写的内容有 5 项；第 1 项为梯板类型代号与序号 DT××；第 2 项为梯板厚度 h；第 3 项为踏步段总高度 H_s/踏步级数($m+1$)；第 4 项为上部纵筋及下部纵筋；第 5 项为梯板分布筋。设计示例如图 5-27 所示	两梯梁之间的矩形梯板由低端平板、踏步段和高端平板构成，高、低端平板的一端各自以梯梁为支座。凡是满足该条件的楼梯均可为 DT 型，如：双跑楼梯，双分平行楼梯和剪刀楼梯
ET 型楼梯	ET 型楼梯平面注写方式如图 5-28 所示。其中集中注写的内容有 5 项；第 1 项为梯板类型代号与序号 ET××；第 2 项为梯板厚度 h；第 3 项为踏步段总高度 H_s/踏步级数(m_l+m_h+2)；第 4 项为上部纵筋；下部纵筋；第 5 项为梯板分布筋。设计示例如图 5-29 所示	两梯梁之间的矩形梯板由低端踏步段、中位平板和高端踏步段构成，高、低端踏步段的一端各自以梯梁为支座。凡是满足该条件的楼梯均可为 ET 型
FT 型楼梯	FT 型楼梯平面注写方式如图 5-30 和图 5-31 所示。其中集中注写的内容有 5 项；第 1 项梯板类型代号与序号 FT××；第 2 项梯板厚度 h，当平板厚度与梯板厚度不同时，板厚标注方式见本节(2)的内容；第 3 项踏步段总高度 H_s/踏步级数($m+1$)；第 4 项梯板上部纵筋及下部纵筋；第 5 项梯板分布筋(梯板分布钢筋也可在平面图中注写或统一说明)。原位注写的内容为楼层与层间平板上、下部横向配筋	①矩形梯板由楼层平板、两跑踏步段与层间平板三部分构成，楼梯间内不设置梯梁 ②楼层平板及层间平板均采用三边支承，另一边与踏步段相连 ③同一楼层内各踏步段的水平长相等、高度相等(即等分楼层高度)。凡是满足以上条件的可为 FT 型，如：双跑楼梯

续表 5-3

梯板类型	注写要求	适用条件
GT 型楼梯	GT 型楼梯平面注写方式如图 5-32 和图 5-33 所示。其中集中注写的内容有 5 项：第 1 项梯板类型代号与序号 GT××；第 2 项梯板厚度 h，当平台厚度与梯板厚度不同时，板厚标注方式见本节(2)的内容；第 3 项踏步段总高度 H_s/踏步级数($m+1$)；第 4 项梯板上部纵筋及下部纵筋；第 5 项梯板分布筋(梯板分布钢筋也可在平面图中注写或统一说明)。原位注写的内容为楼层与层间平板上部纵向与横向配筋	①楼梯间设置楼层梯梁，但不设置层间梯梁；矩形梯板由两跑踏步段与层间平台板两部分构成 ②层间平台板采用三边支承，另一边与踏步段的一端相连，踏步段的另一端以楼层梯梁为支座 ③同一楼层内各踏步段的水平长度相等、高度相等(即等分楼层高度)。凡是满足以上要求的可为 HT 型，如双跑楼梯，双分楼梯等
ATa 型楼梯	ATa 型楼梯平面注写方式如图 5-34 所示。其中集中注写的内容有 5 项：第 1 项为梯板类型代号与序号 ATa××；第 2 项为梯板厚度 h；第 3 项为踏步段总高度 H_s/踏步级数($m+1$)；第 4 项为上部纵筋及下部纵筋；第 5 项为梯板分布筋	两梯梁之间的矩形梯板由踏步段构成，即踏步段两端均以梯梁为支座，且梯板低端支承处做成滑动支座，滑动支座直接落在梯梁上。框架结构中，楼梯中间平台通常设梯柱、梁，中间平台可与框架柱连接
ATb 型楼梯	ATb 型楼梯平面注写方式如图 5-35 所示。其中集中注写的内容有 5 项：第 1 项为梯板类型代号与序号 ATb××；第 2 项为梯板厚度 h；第 3 项为踏步段总高度 h_s/踏步级数($m+1$)；第 4 项为上部纵筋及下部纵筋；第 5 项为梯板分布筋	两梯梁之间的矩形梯板全部由踏步段构成，即踏步段两端均以梯梁为支座，且梯板低端支承处做成滑动支座，滑动支座落在挑板上。框架结构中，楼梯中间平台通常设梯柱、梁，中间平台可与框架柱连接
ATc 型楼梯	ATc 型楼梯平面注写方式如图 5-15 和图 5-16 所示。其中集中注写的内容有 6 项：第 1 项为梯板类型代号与序号 ATc××；第 2 项为梯板厚度 h；第 3 项为踏步段总高度 H_s/踏步级数($m+1$)；第 4 项为上部纵筋及下部纵筋；第 5 项为梯板分布筋；第 6 项为边缘构件纵筋及箍筋	两梯梁之间的矩形梯板全部由踏步段构成，即踏步段两端均以梯梁为支座。框架结构中，楼梯中间平台通常设梯柱、梯梁，中间平台可与框架柱连接(2 个梯柱形式)或脱开(4 个梯柱形式)，如图 5-15 和图 5-16 所示
CTa 型楼梯	CTa 型楼梯平面注写方式如图 5-36 所示。其中：集中注写的内容有 6 项，第 1 项为梯板类型代号与序号 CTa××；第 2 项为梯板厚度 h；第 3 项为梯板水平段厚度 h_t；第 4 项为踏步段总高度 H_s/踏步级数($m+1$)；第 5 项为上部纵筋及下部纵筋；第 6 项为梯板分布筋	两梯梁之间的矩形梯板由踏步段和高端平板构成，高端平板宽应≤3 个踏步宽，两部分的一端各自以梯梁为支座，且梯板低端支承处做成滑动支座，滑动支座直接落在梯梁上。框架结构中，楼梯中间平台通常设梯柱、梁，中间平台可与框架柱连接
CTb 型楼梯	CTb 型楼梯平面注写方式如图 5-37 所示。其中：集中注写的内容有 6 项，第 1 项为梯板类型代号与序号 CTb××；第 2 项为梯板厚度 h；第 3 项为梯板水平段厚度 h_t；第 4 项为踏步段总高度 H_s/踏步级数($m+1$)；第 5 项为上部纵筋及下部纵筋；第 6 项为梯板分布筋	两梯梁之间的矩形梯板由踏步段和高端平板构成，高端平板宽应≤3 个踏步宽，两部分的一端各自以梯梁为支座，且梯板低端支承处做成滑动支座，滑动支座直接落在挑板上。框架结构中，楼梯中间平台通常设梯柱、梁，中间平台可与框架柱连接

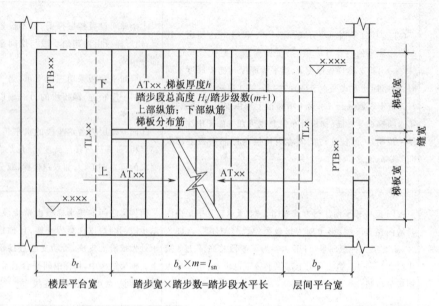

图 5-20　AT 型楼梯注写方式:标高×.×××~标高×.×××楼梯平面图

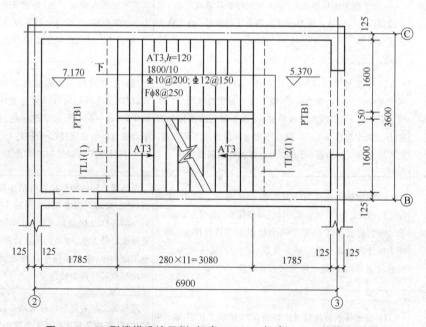

图 5-21　AT 型楼梯设计示例:标高 5.370~标高 7.170 楼梯平面图

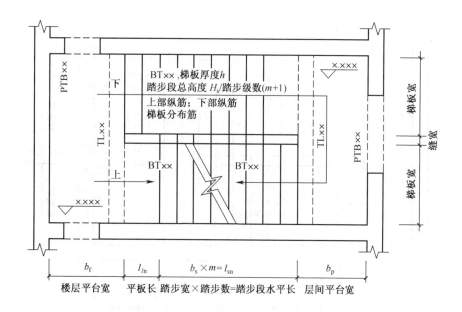

图 5-22 BT 型楼梯注写方式：标高×.×××～标高×.×××楼梯平面图

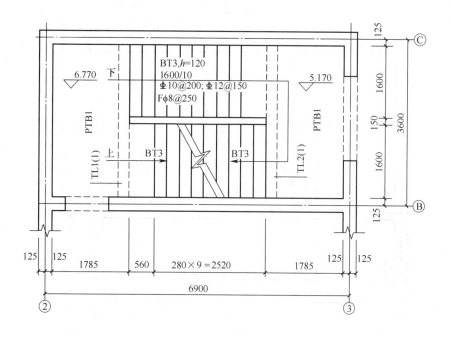

图 5-23 BT 型楼梯设计示例：标高 5.170～标高 6.770 楼梯平面图

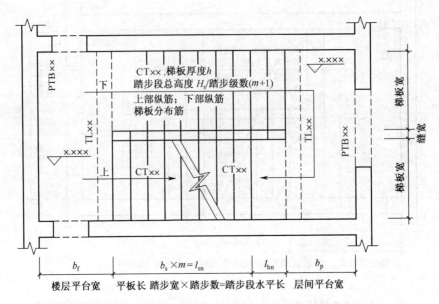

图 5-24　CT 型楼梯注写方式:标高×.×××～标高×.×××楼梯平面图

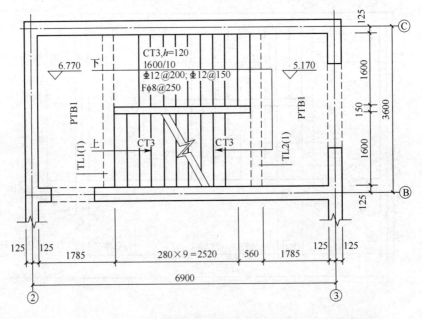

图 5-25　CT 型楼梯设计示例:标高 5.170～标高 6.770 楼梯平面图

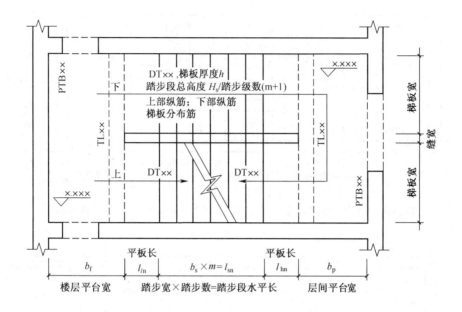

图 5-26　DT 型楼梯注写方式:标高×.×××～标高×.×××楼梯平面图

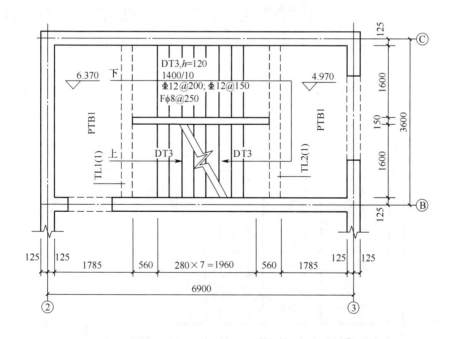

图 5-27　DT 型楼梯设计示例:标高 4.970～标高 6.370 楼梯平面图

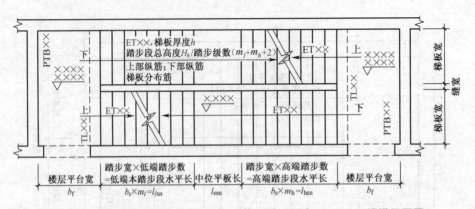

图 5-28　ET 型楼梯注写方式：标高×.×××～标高×.×××楼梯平面图

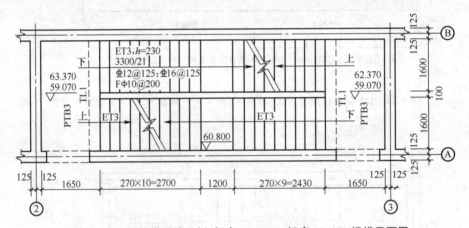

图 5-29　ET 型楼梯设计示例：标高 59.070～标高 62.370 楼梯平面图

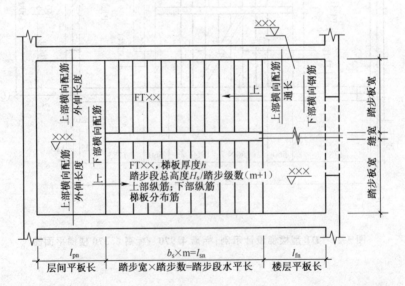

图 5-30　FT 型楼梯注写方式（一）：标高×.×××～标高×.×××楼梯平面图

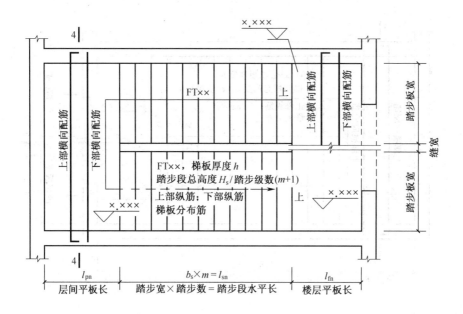

图 5-31 FT 型楼梯注写方式(二):标高×.×××~标高×.×××楼梯平面图

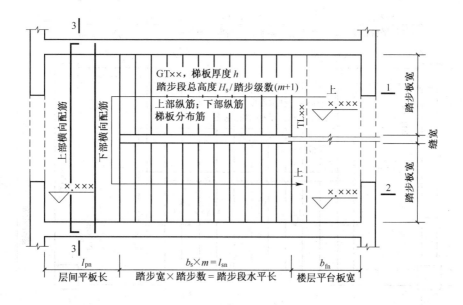

图 5-32 GT 型楼梯注写方式(一):标高×.×××~标高×.×××楼梯平面图

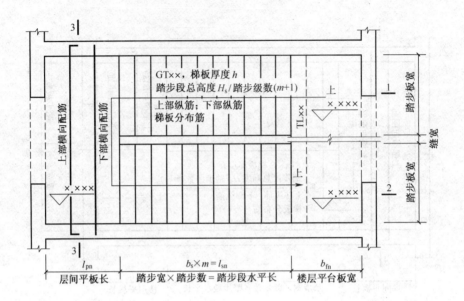

图 5-33　GT 型楼梯注写方式(二):标高×.×××~标高×.×××楼梯平面图

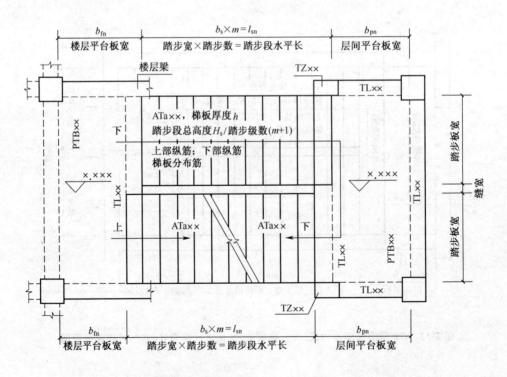

图 5-34　ATa 型楼梯注写方式:标高×.×××~标高×.×××楼梯平面图

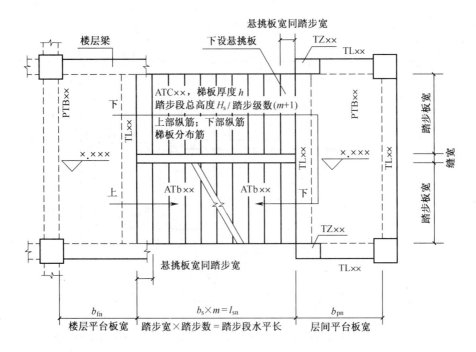

图 5-35　ATb 型楼梯注写方式：标高×.×××～标高×.×××楼梯平面图

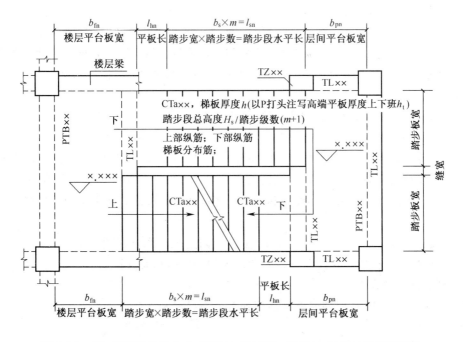

图 5-36　CTa 型楼梯注写方式：标高×.×××～标高×.×××楼梯平面图

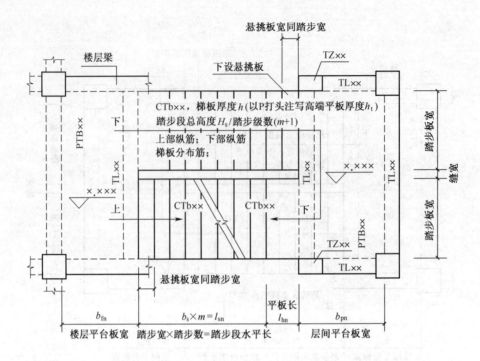

图 5-37　CTb 型楼梯注写方式:标高×.××××～标高×.×××楼梯平面图

四、剖面注写方式

(1)剖面注写方式需在楼梯平法施工图中绘制楼梯平面布置图和楼梯剖面图,注写方式分平面注写、剖面注写两部分。

(2)楼梯平面布置图注写内容,包括楼梯间的平面尺寸、楼层结构标高、层间结构标高、楼梯的上下方向、梯板的平面几何尺寸、梯板类型及编号、平台板配筋、梯梁及梯柱配筋等。

(3)楼梯剖面图注写内容,包括梯板集中标注、梯梁梯柱编号、梯板水平及竖向尺寸、楼层结构标高、层间结构标高等。

(4)梯板集中标注的内容有四项,具体规定如下:

1)梯板类型及编号,如"AT××"。

2)梯板厚度。注写方式为"h＝×××"。当梯板由踏步段和平板构成,且踏步段梯板厚度和平板厚度不同时,可在梯板厚度后面括号内以字母 P 打头注写平板厚度。

3)梯板配筋。注明梯板上部纵筋和梯板下部纵筋,用分号";"将上部与下部纵筋的配筋值分隔开来。

4)梯板分布筋。以"F"打头注写分布钢筋具体值,该项也可在图中统一说明。

5)对于 ATc 型楼梯尚应注明梯板两侧边缘构件纵向钢筋及箍筋。

五、列表注写方式

(1)列表注写方式,系用列表方式注写梯板截面尺寸和配筋具体数值的方式来表达楼梯施工图。

(2)列表注写方式的具体要求同剖面注写方式,仅将剖面注写方式中的梯板集中标注中的梯板配筋注写项改为列表注写项即可。

梯板列表格式见表 5-4。

表 5-4　梯板几何尺寸和配筋

梯板编号	踏步段总高度/踏步级数	板厚 h	上部纵向钢筋	下部纵向钢筋	分布筋

注:对于 ATc 型楼梯尚应注明梯板两侧边缘构件纵向钢筋及箍筋。

六、其他

(1)楼层平台梁板配筋可绘制在楼梯平面图中,也可在各层梁板配筋图中绘制;层间平台梁板配筋在楼梯平面图中绘制。

(2)楼层平台板可与该层的现浇楼板整体设计。

第二节　板式楼梯计算方法与实例

一、计算方法

1. 以 AT 型楼梯为例的楼梯板钢筋计算方法

AT 楼梯平面注写方式如图 5-20 所示,斜坡系数如图 5-38 所示。

(1)AT 楼梯板的基本尺寸数据。

1)楼梯板净跨度 l_n。

2)梯板净宽度 b_n。

3)梯板厚度 h。

4)踏步宽度 b_s。

5)踏步总高度 H_s。

6)踏步高度 h_s。

(2)计算步骤。

1)斜坡系数 $k = \sqrt{h_s^2 + b_s^2}$

2)梯板下部纵筋以及分布筋。

梯板下部纵筋的长度 $l = l_n \times k + 2 \times a$,其中 $a = \max(5d, b/2)$

分布筋的长度 $= b_n - 2 \times c$,其中 c 为保护层厚度

梯板下部纵筋的根数 $= (b_n - 2 \times c)/$间距 $+ 1$

分布筋的根数 $= (l_n \times k - 50 \times 2)/$间距 $+ 1$

3)梯板低端扣筋。

①分析:

梯板低端扣筋位于踏步段斜板的低端,扣筋的一端扣在踏步段斜板上,直钩长度为 h_1。扣筋的另一端锚入低端梯梁对边再向下弯折 $15d$,弯锚水平段长度 $\geq 0.35 l_{ab}(0.6 l_{ab})$。扣筋的延伸长度投影长度为 $l_n/4$。($0.35 l_{ab}$ 用于设计按铰接的情况,$0.6 l_{ab}$ 用于设计考虑充分发挥钢筋抗拉强度的情况)

②计算过程:

$$l_1 = [l_n/4 + (b - c)] \times k$$

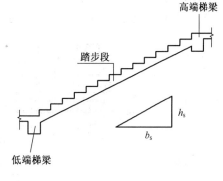

图 5-38　斜坡系数示意图

$$l_2 = 15d$$

$$h_1 = h - c$$

$$分布筋 = b_n - 2 \times c$$

$$梯板低端扣筋的根数 = (b_n - 2 \times c)/间距 + 1$$

$$分布筋的根数 = (l_n/4 \times k)/间距 + 1$$

4)梯板高端扣筋。

梯板高端扣筋位于踏步段斜板的高端,扣筋的一端扣在踏步段斜板上,直钩长度为 h_1,扣筋的另一端锚入高端梯梁内,锚入直段长度不小于 $0.35l_{ab}(0.6l_{ab})$,直钩长度 l_2 为 $15d$。扣筋的延伸长度水平投影长度为 $l_n/4$。由上所述,梯板高端扣筋的计算过程为:

$$h_1 = h - 保护层$$

$$l_1 = [l_n/4 + (b - c)] \times k$$

$$l_2 = 15d$$

$$分布筋 = b_n - 2 \times c$$

$$梯板高端扣筋的根数 = (b_n - 2 \times c)/间距 + 1$$

$$分布筋的根数 = (l_n/4 \times k)/间距 + 1$$

2. ATc 型楼梯配筋构造

ATc 型楼梯配筋构造如图 5-39 所示。

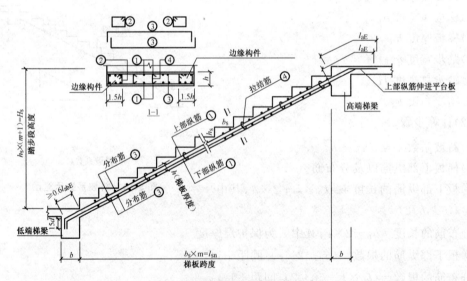

图 5-39　ATc 型楼梯梯板配筋构造

ATc 型楼梯梯板厚度应按计算确定,且不宜小于 140mm,梯板采用双层配筋。

(1)踏步段纵向钢筋(双层配筋)。

踏步段下端:下部纵筋及上部纵筋均弯锚入低端梯梁,锚固平直段"$\geq l_{aE}$",弯折段"$15d$"。上部纵筋需伸至支座对边再向下弯折。

踏步段上端:下部纵筋及上部纵筋均伸进平台板,锚入梁(板)l_{ab}

(2)分布筋:分布筋两端均弯直钩,长度 = $h - 2 \times 保护层$

下层分布筋设在下部纵筋的下面;上层分布筋设在上部纵筋的上面。

(3)拉结筋:在上部纵筋和下部纵筋之间设置拉结筋 $\phi 6$,拉结筋间距为 600mm。

(4)边缘构件(暗梁):设置在踏步段的两侧,宽度为"1.5h"

暗梁纵筋:直径为Φ12且不小于梯板纵向受力钢筋的直径;一、二级抗震等级时不少于6根;三、四级抗震等级时不少于4根。

暗梁箍筋:Φ6@200。

二、计算实例

【**例 5-1**】　AT3 的平面布置图如图 5-21 所示。混凝土强度为 C30,梯梁宽度 $b=200\text{mm}$。求 AT3 中各钢筋。

解

①AT 楼梯板的基本尺寸数据

楼梯板净跨度 $l_n = 3080\text{mm}$

梯板净宽度 $b_n = 1600\text{mm}$

梯板厚度 $h = 120\text{mm}$

踏步宽度 $b_s = 280\text{mm}$

踏步总高度 $h_s = 1800\text{mm}$

踏步高度 $h_s = 1800/12 = 150\text{mm}$

②计算步骤

斜坡系数:$k = \dfrac{\sqrt{h_s^2 + b_s^2}}{b_s} = \dfrac{\sqrt{150^2 + 280^2}}{280} = 1.134$

梯板下部纵筋以及分布筋:

a. 梯板下部纵筋

$$\begin{aligned}
长度\, l &= l_n \times k + 2 \times a \\
&= 3080 \times 1.134 + 2 \times \max(5d, b/2) \\
&= 3080 \times 1.134 + 2 \times \max(5 \times 12, 200/2) \\
&= 3693(\text{mm})
\end{aligned}$$

$$\begin{aligned}
根数 &= (b_n - 2 \times c)/间距 + 1 \\
&= (1600 - 2 \times 15)/150 + 1 \\
&= 12(\text{根})
\end{aligned}$$

b. 分布筋

$$\begin{aligned}
长度 &= b_n - 2 \times c \\
&= 1600 - 2 \times 15 \\
&= 1570(\text{mm})
\end{aligned}$$

$$\begin{aligned}
根数 &= (l_n \times k - 50 \times 2)/间距 + 1 \\
&= (3080 \times 1.134 - 50 \times 2)/250 + 1 \\
&= 15(\text{根})
\end{aligned}$$

梯板低端扣筋:

$$\begin{aligned}
l_1 &= [l_n/4 + (b-c)] \times k \\
&= (3080/4 + 200 - 15) \times 1.134 \\
&= 1083(\text{mm}) \\
l_2 &= 15d
\end{aligned}$$

$$=15 \times 10$$

$$=150(\text{mm})$$

$$h_1 = h - c$$

$$=120 - 15$$

$$=105(\text{mm})$$

$$分布筋 = b_\text{n} - 2 \times c$$

$$=1600 - 2 \times 15$$

$$=1570(\text{mm})$$

$$梯板低端扣筋的根数 = (b_\text{n} - 2 \times c)/间距 + 1$$

$$=(1600 - 2 \times 15)/250 + 1$$

$$=8(\text{根})$$

$$分布筋的根数 = (l_\text{n}/4 \times k)/间距 + 1$$

$$=(3080/4 \times 1.134)/250 + 1$$

$$=5(\text{根})$$

梯板高端扣筋：

$$h_1 = h - c$$

$$=120 - 15$$

$$=105(\text{mm})$$

$$l_1 = [l_\text{n}/4 + (b - c)] \times k$$

$$=(3080/4 + 200 - 15) \times 1.134$$

$$=1083(\text{mm})$$

$$l_2 = 15d$$

$$=15 \times 10$$

$$=150(\text{mm})$$

$$h_1 = h - c$$

$$=120 - 15$$

$$=105(\text{mm})$$

$$高端扣筋的每根长度 = 105 + 1083 + 150$$

$$=1338(\text{mm})$$

$$分布筋 = b_\text{n} - 2 \times c$$

$$=1600 - 2 \times 15$$

$$=1570(\text{mm})$$

$$梯板高端扣筋的根数 = (b_\text{n} - 2 \times c)/间距 + 1$$

$$=(1600 - 2 \times 15)/150 + 1$$

$$=12(\text{根})$$

$$分布筋的根数 = (l_\text{n}/4 \times k)/间距 + 1$$

$$=(3080/4 \times 1.134)/250 + 1$$

$$=5(\text{根})$$

上面只计算了一跑 AT3 的钢筋,一个楼梯间有两跑 AT3,因此,应将上述数据乘以 2。

【例 5-2】　ATc3 的平面布置图如图 5-40 所示。混凝土强度为 C30,抗震等级为一级,梯梁宽度 $b=200\text{mm}$。求 ATc3 中各钢筋。

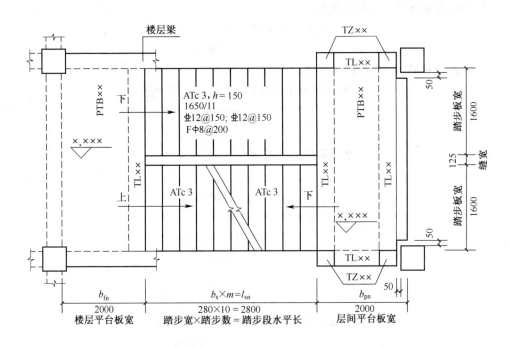

图 5-40　ATc 型楼梯平面布置图

解　①ATc3 楼梯板的基本尺寸数据

楼梯板净跨度 $l_n=2800\text{mm}$。

梯板净宽度 $b_n=1600\text{mm}$。

梯板厚度 $h=120\text{mm}$。

踏步宽度 $b_s=280\text{mm}$。

踏步总高度 $h_s=1650\text{mm}$。

踏步高度 $h_s=1650/11=150\text{mm}$。

②计算步骤

a. 斜坡系数 $k=\dfrac{\sqrt{h_s^2+b_s^2}}{b_s}=\dfrac{\sqrt{150^2+280^2}}{280}=1.134$

b. 梯板下部纵筋和上部纵筋

$$下部纵筋长度=15d+(b-保护层+l_{sn})\times k+l_{aE}$$
$$=15\times12+(200-15+2800)\times1.134+40\times12$$
$$=4045\,(\text{mm})$$

$$下部纵筋范围=b_n-2\times1.5h$$
$$=1600-3\times150$$
$$=1150\,(\text{mm})$$

$$下部纵筋根数=1150/150$$
$$=8\,(\text{根})$$

本题的上部纵筋长度与下部纵筋相同，

$$上部纵筋长度＝4045(\text{mm})$$

上部纵筋范围与下部纵筋相同，

$$上部纵筋根数＝1150/150$$
$$＝8(\text{根})$$

c. 梯板分布筋(3 号钢筋)的计算：("扣筋"形状)

$$分布筋的水平段长度＝b_n－2\times保护层$$
$$＝1600－2\times15$$
$$＝1570(\text{mm})$$

$$分布筋的直钩长度＝h－2\times保护层$$
$$＝150－2\times15$$
$$＝120(\text{mm})$$

$$分布筋每根长度＝1570＋2\times120$$
$$＝1810(\text{mm})$$

$$分布筋设置范围＝l_{sn}\times k$$
$$＝2800\times1.134$$
$$＝3175(\text{mm})$$

$$上部纵筋的分布筋根数＝3175/200$$
$$＝16(\text{根})$$

$$上下纵筋的分布筋总数＝2\times16$$
$$＝32(\text{根})$$

d. 梯板拉结筋(4 号钢筋)的计算：

根据 11G101－2 第 44 页的"注 4"，梯板拉结筋 $\phi6$，间距 600mm

$$拉结筋长度＝h－2\times保护层＋2\times拉筋直径$$
$$＝150－2\times15＋2\times6$$
$$＝132(\text{mm})$$

$$对上下纵筋的拉结筋根数＝3175/600$$
$$＝6(\text{根})$$

每一对上下纵筋都应该设置拉结筋(相邻上下纵筋错开设置)，

$$拉结筋总根数＝8\times6$$
$$＝48(\text{根})$$

e. 梯板暗梁箍筋(2 号钢筋)的计算：

梯板暗梁箍筋为 $\phi6@200$

箍筋尺寸计算：(箍筋仍按内围尺寸计算)

$$箍筋宽度＝1.5h－保护层－2d$$
$$＝1.5\times150－15－2\times6$$
$$＝198(\text{mm})$$

$$箍筋高度＝h－2\times保护层－2d$$
$$＝150－2\times15－2\times6$$

$$=108(\text{mm})$$

$$\text{箍筋每根长度}=(198+108)\times2+26\times6$$

$$=768(\text{mm})$$

$$\text{箍筋分布范围}=l_{sn}\times k$$

$$=2800\times1.134$$

$$=3175(\text{mm})$$

$$\text{一道暗梁的箍筋根数}=3175/200$$

$$=16(\text{根})$$

$$\text{两道暗梁的箍筋根数}=2\times16$$

$$=32(\text{根})$$

f. 梯板暗梁纵筋的计算:

每道暗梁纵筋根数 6 根(一、二级抗震时),暗梁纵筋直径 $\underline{\Phi}$ 12(不小于纵向受力钢筋直径)。

$$\text{两道暗梁的纵筋根数}=2\times6$$

$$=12(\text{根})$$

本题的暗梁纵筋长度同下部纵筋:暗梁纵筋长度$=4045$mm

上面只计算了一跑 ATc 楼梯的钢筋,一个楼梯间有两跑 ATc 楼梯,两跑楼梯的钢筋要把上述钢筋数量乘以 2。

参 考 文 献

[1]中国建筑标准设计研究院.16G101-1 混凝土结构施工图平面整体表示方法制图规则和构造详图(现浇混凝土框架、剪力墙、梁、板).北京:中国计划出版社,2011.

[2]中国建筑标准设计研究院.16G101-2 混凝土结构施工图平面整体表示方法制图规则和构造详图(现浇混凝土板式楼梯).北京:中国计划出版社,2011.

[3]中国建筑标准设计研究院.16G101-3 混凝土结构施工图平面整体表示方法制图规则和构造详图(独立基础、条形基础、筏形基础、桩基础).北京:中国计划出版社,2011.

[4]国家标准.混凝土结构设计规范(2015 版) GB 50010—2010[S].北京:中国建筑工业出版社,2011.

[5]国家标准.建筑抗震设计规范(2016 年版)　GB 50011—2010[S].北京:中国建筑工业出版社,2010.

[6]行业标准.高层建筑筏形与箱形基础技术规范　JGJ 6—2011[S].北京:中国建筑工业出版社,2011.

[7]上官子昌.平法钢筋计算方法与实例[M].北京:化学工业出版社,2013.

[8]赵荣.G101 平法钢筋识图与算量[M].北京:中国建筑工业出版社,2010.